＼ココが知りたかった！／

改正化審法対応の基礎

技術評論社

先輩、よろしく
お願いします。
今日から化審法をイチ
から勉強するわよ。
品質保証部後輩
ベテラン先輩

はじめに

私は化学メーカーでグループ会社全体の化審法を統括する部門に勤めています。

本書の主題である「化学物質の審査及び製造等の規制に関する法律（通称：化審法）」を遵守しようとすると、時として「お客さんとの納期の約束が守れない」「これを廃棄すれば数億の損害が出る」、そんなシチュエーションに出会うこともあると思われます。化審法対応を長年やってきた私自身、何度もそのような場面に出会い、現場からは時に懇願され、時に無理な調整を依頼されてきました。しかし、これは法律ですので遵守以外の選択肢は何ひとつ用意されていません。たとえ、販売のチャンスを逃しても、たとえお客様の信頼を失うことになっても、違法製造品でビジネスをすることは許されません。

私は、そんな最悪なケースをなくしたくてこの本を書きました。化学品ビジネスに携わる人は、この本に書かれていることは絶対に守らなければなりません。法律を守ることは最低限です。それに加えて、どれだけ環境や人に配慮したビジネスができるか、お客様に安心・安全をお届けすることができるか、新たな化学物質の発明で社会にどれだけ貢献できるか、そこが重要であり、ビジネスを有利に進めるうえでの力となるのです。法令対応を誠実に行うことが市場の信頼を受けることにつながり、ビジネスへとつながっていくのです。このことは、昨今の品質不正、法令不適合品の出荷によって多くの企業が信頼を失ったことを思い出してみれば明らかです。

日本のモノ作りが信頼を失っている今だからこそ、法令遵守の体制を明確に打ち出すことでお客様の信頼を獲得することは非常に重要です。そんな中で本書が、一般的にはあまり知られていない、しかし、環境と生命を守る最後の砦の役目を果たす法律である化審法のよき入門書になればよいな、と思います。

中西貴之

第一章

化審法とは

この章では「化学物質の審査及び製造等の規制に関する法律（通称：化審法）」の概略、人の健康や環境を守るにあたってのこの法律の重要性、化学物質を扱う人に知ってほしい化審法遵守への心がけ、化学物質をどのように分類して扱うか、などについて説明します。

KEYWORD
01 化学物質の審査及び製造等の規制に関する法律

POINT 化学物質の製造や販売に携わる人は、それらの化学物質によって人の健康が害されたり、動植物の生息に影響を与えたりしないように、化審法を遵守しなければなりません。（第一条）

1 本書の主題

本書の主題、「**化学物質の審査及び製造等の規制に関する法律**」（本書では以下「**化審法**」と略します）は、環境中に放出された化学物質が、人や動植物の健康・環境に悪影響を及ぼすことを防ぐために、リスクの高い化学物質の環境放出を規制する法律です。所管は厚生労働省、経済産業省、環境省です（本書では以下「三省」又は「当局」と略します）。

化審法は化学物質の製造と輸入において、さまざまな届出制度を設けています。それにより、日本国内でどのような化学物質がどれくらいの量、何を目的として製造・輸入・流通・使用されているのかを把握し、化学物質による生活の質の向上や産業の育成をしつつ、化学物質による環境経由の健康被害などを起こさないように規制しようとしています。この法律を理解しておかなければならないのは化学品関連メーカーと商社が中心で、一般消費者の方にはなじみのない法律ですが、化学品を取り扱う企業に勤めている方は、研究、製造、営業等、職種に係らず内容を把握しておかなければならない基本的かつ重要な法律です。

2 化審法を守る立場の皆さんへ

化審法は日本国内での化学物質ビジネスに最も大きな影響を与える法律です。それは化審法が化学物質の製造・輸入を網羅的に規制する法律だからです。詳しくは後述しますが、他の化学品規制法令、たとえば薬機法や廃掃法で規制されている化学物質は化審法の対象外となります。それは、同一物質を二重に規制することを回避するためですが、逆の見方をすれば化審法は、他の法律で規制されない、規制の手のひらからこぼれそうな物質を網羅的に網にかけようとする法律なのです【図1】。それだけに、ここを守らなければ化学品をビジネスとすることはできない、という最低ラインなのです。

たとえば、調達先を選定する際に、法規制対応をきちんとしているかどうかを選定基準にすることはとても重要なことです。原料調達先が化審法違反となれば、原料が入手できなくなってしまいます。そのようなリスクを回避するために、各社、内部監査などでは原料調達先の法令遵守状況については厳しく確認を求めています。内部監査指摘を受けると、多くの場合、現場では調達先の再検討に入りますので、法令対応次第でビジネスを失う会社と、新たなビジネスを獲得する会社に分かれてしまいます。

図1　化審法の役割

第一条
この法律は、人の健康を損なうおそれ又は動植物の生息若しくは生育に支障を及ぼすおそれがある化学物質による環境の汚染を防止するため、新規の化学物質の製造又は輸入に際し事前にその化学物質の性状に関して審査する制度を設けるとともに、その有する性状等に応じ、化学物質の製造、輸入、使用等について必要な規制を行うことを目的とする。

KEYWORD

02 化審法の三本柱

POINT **化審法では次の3項目を三本柱としています。①新化学物質の事前審査、②上市後の化学物質の継続的な管理措置、③化学物質の性状等に応じた規制及び措置。**

1 新化学物質の事前審査

私たちの生活は多くの化学物質によって支えられています。薬品や洗剤、塗料はもちろんのこと、スマホやパソコンに搭載されている電池、半導体もすべて中身は化学物質です。かつては2時間程度しか持続しなかったノートパソコンのバッテリーが1日ももつようになったのは電池の中に添加される化学物質の性能の向上が大きく寄与しています。

それらの化学物質の多くは、これまで地球上に存在しなかった化学物質（＝**新化学物質**）です。新化学物質は産業上非常に有用である反面、人体や環境にどのような影響を及ぼすのかまったくわかりません。そのような化学物質が無秩序に市場に広がれば、どこかで健康被害や環境汚染が発生します。そのようなことがないように、化審法では新たに製造・輸入される化学物質に対して、**事前審査**を行い、人と環境への悪影響を最小限にとどめるよう製造や用途について規制が行われます。

2 上市後の化学物質の継続的な管理措置

化審法がスタートしたのは1973年です。化審法を策定したとき、新たに規制をするものは上述の新化学物質を中心とし、当時すでに流通していた化学物質については事前審査を行わないこととしました。それは、すでに流通しているにも係らず、大きな健康被害や環境影響が社会問題とはなっておらず、さらには、法施行によってそれらの既に存在する化学物質（＝**既存化学物質**）にいきなり規制をかけ事前審査を要求することは市場の混乱を招くことも考えられ、過剰な規制となり社会・経済に与える負の影響の方が大きいと判断されたためです。

とはいっても、それらの化学物質は野放し状態でよいはずはありません。そこで、化審法の2つめの柱として、上市後の化学物質の追跡を定めました。具体的には、既存化学物質の製造・輸入数量を年度ごとに三省に事後報告することによって、それらの物質が日本国内でどの程度流通しているのかを把握し、あわせて、有害性情報の報告を求めたり、既知のデータを解析したりすることにより、それら化学物質の人や生態系におけるリスクを評価しようとするものです。

3 化学物質の性状等に応じた規制及び措置

リスクは単純化すれば化学物質の有害性と流通量の掛け算となります。つまり、非常に安全なものであっても大量に流通していればリスクは高い可能性があります。有害性の高い化学物質であってもその流通量がわずかで、消費者が直接触れるものでなければ、そのリスクは低いと言えます。

リスク評価の結果、リスクが高いと考えられれば、「第一種特定化学物質」などに指定して規制をしたり、データが不足して十分なリスク評価ができないものは「優先評価化学物質」に指定したりして、そのほかのものより優先順位を高めてリスク評価を国が進めていくことも定めています。

これらを総合的に運用することによって、化学物質を適切に使用したより安全でより快適な暮らし・地球環境を目指しましょう、そのような法律なのです【図2】。

図2　化審法の三本柱

KEYWORD

03 化審法の歴史的経緯から法対応の意義を考える

POINT **化審法は、そのほかの化学物質の製造等を規制する法律と比較すると最も新しい法律です。なぜ化審法が誕生し、その結果、日本の化学物質規制に対する考え方はどう変わったのでしょうか。**

1 化審法以前の問題

化審法は1973年に制定された法律です。制定のきっかけはPCB（ポリ塩素化ビフェニル）がそれ以前の化学品規制では防ぐことのできない問題を起こしたことでした。

化審法以前の化学品規制は、極端な表現をすれば化学物質を動物に飲ませて生きるか死ぬかで危険性を判断して規制をかけるような法律の仕組みになっていました（**ハザード管理**）。当時はそれで十分な規制効果を発揮していましたが、化学の進歩によってPCBのようなそれまで自然界に存在していなかった化学物質が身の回りに増加した結果、思わぬ事故が起き、化学品規制の仕組みを根本から作り直す必要が生まれたのです。

PCBの最大の特徴は非常に**安定性が高く**自然界に放出されたり体内に取り込まれたりするとなかなか**分解されず**、体内では**脂肪組織に蓄積**してしまうことです。さらにPCBは毒性が高く、発がん性があり、皮膚障害、内臓障害、ホルモン異常を引き起こすことも分かっています。

2 PCBに関連する事件

ここに前述の、産業的に利用価値が高いという特徴が加わったことで、PCBは電気製品、塗料、熱媒体など私たちが日常接する商品に含まれて大量に市場に出荷されました。その結果、一般市民が被害者となる「カネミ油症事件」が起きました。この事件が発覚したのは1968年。福岡県を中心とした西日本一帯でPCBが混入した食用油を摂取した人々が被害者になったことによります。福岡県北九州市のカネミ倉庫株式会社で作られた食用油の製造過程で、脱臭のために熱媒体として使用されていたPCBが、配管から漏れて商品に混入したのです。この食用油を加熱して使用するとPCBが熱で変化したダイオキシン類の一種であるPCDF（ポリ塩化ジベンゾフラン）が生成し、色素沈着や塩素挫瘡など肌の異常、頭痛、手足のしびれ、肝機能障害、皮膚に色素が沈着した赤ちゃんの誕生、母乳を通じた新生児の皮膚黒色化などの発生に至りました。

さらに、PCBはコンデンサーの材料として使用されたため、長期間にわたり使用されている蛍光灯のコンデンサーの老朽化が原因の爆発が2000年前後に散発し、そのたびに周辺にいる人がPCBを直接浴びてしまうという事故も起きています。

カネミ油症事件をきっかけに、人の健康や動植物に悪影響を及ぼすおそれがある化学物質のキーワードとして「**毒性**」「**難分解性**」「**高蓄積性**（高濃縮性）」の３つを重視するように考え方が改まりました【図3】。特に新たに作り出された化学物質が「難分解性」で「高蓄積性（高濃縮性）」の場合、その物質が本当に安全ですか？　ということの判断を行うことが重要と考えられるようになりました。新規化学物質による環境の汚染を防止するため、製造又は輸入に際し、事前にその化学物質が上記のような性質を持つか否かを審査し必要な規制を行う制度として化審法が制定されたのです。

図3　化審法で重視される3つのキーワード

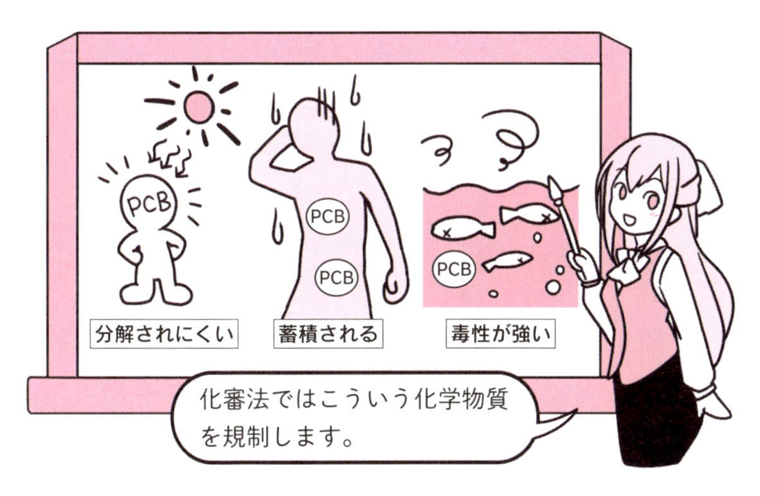

KEYWORD

04 化学物質管理の世界的潮流と化審法

POINT **化学物質管理に関する法施行は日欧米からはじまり、現在はアジア・中米各国で次々に新たな法が誕生しています。その特徴は「リスク管理」と「研究開発における規制強化」です。**

1 ハザード管理からリスク管理へ

化学品管理の世界的潮流は過去から現在まで変化し続けています。物質そのものの危険性に着目した「**ハザード管理**」から、化学品の使用から廃棄までの影響をトータルで考える「**リスク管理**」へ、そしてさらなる安全を求めるために「法規制にさらに**自主管理**を上乗せ」する管理へと確実に進化しています。

この中で化学品に携わる企業は皆、時代の変化へ対応するために、法令遵守は最低限であり、それプラス自主管理が必要と考えなければなりません【図4】。また、日本で製造した化学物質が製品や原料として海外へ出ていくのは当然の時代となり、グローバルな化学品管理体制への対応も求められています。化学品規制が世界的に強化される中でも、逆境に打ち勝って日本の競争力を維持し続けるためには、複数国同時申請など将来のビジネスを見据えた化学品管理を、製造や営業部門はもちろん、**研究や開発段階における各国法規制対応**とセットで構築することが必要です。

図4　化学品管理の世界的潮流

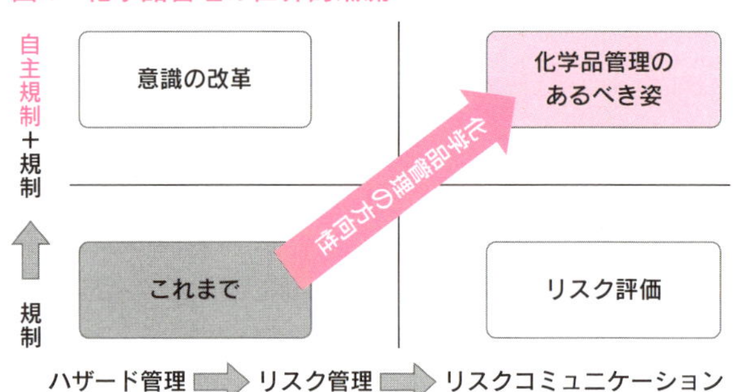

2 研究開発における規制強化

研究開発においても規制が強化されつつある点は要注意です。世界各国の化学品規制法令において、研究開発は自由な領域としてある程度は考慮されていますが、研究開発の成果が世に出る際には非常に厳しい規制を受けることになります。長い年月と多くの投資をして開発した新化学物質が、リスクを評価した結果、望ましくないものとなることもあらかじめ考慮しておかなければなりません。海外の化学品規制にもどう対応するかは企業として事業として考えなければならない問題ですが、今後は、研究開発の段階から法令対応も重要なステージアップのポイントとして定義し、研究・開発の仕組みの中に取り入れておく必要があります。

つまり、「いい物ができた」→「法対応してビジネスだ」という流れは過去のものになったのです。研究の初期段階から「この物質は各国の化学物質管理法令をクリアできるだろうか？　各国で規制されているレベルの不純物を含まない高度な精製が可能であろうか？」などを重要なクリアすべき規準としておかなければなりません。どんなに性質のよい化学物質であっても、売りたい国、製造したい国の化学物質管理法令がクリアできなければその研究は意味がない、そこまで研究者自身が考えなければなりません。

KEYWORD

05 化審法遵守社内体制構築の重要性

POINT 化審法は製造・輸入を規制する法ですが、ビジネス戦略にも大きな影響を与えます。化審法を理解せずに化学物質の販売に携わるのは、コンプライアンス上大きな問題を発生させます。

1 化審法とビジネス戦略

事業戦略上も化学品の安全管理は重要になり、安全・安心の付加価値をどうビジネス戦略に組み込むか、各国の法規制対応も共通化、自動化するなど業務効率を高め戦略的である必要があります。そのためには情報管理・伝達のためのハードとソフトも重要となり、製造・営業部門はもちろん、購買部門、レスポンシブルケア部門など全社が有機的に連携し対応しなければなりません。**化学品管理の規制対応は物質担当者や営業担当者だけの課題・問題ではありません。**研究開発段階から工場製造、ビジネスへの展開と世界各国への市場拡大を考慮し、有望市場での法規制にかかりそうな物質は研究段階で除外するなど、効率のよい法規制対応の実施、ならびにそのための初期投資が、コストの最小化につながります。

名だたる企業で品質不正が起きた原因の1つに、品質業務の属人化、タコつぼ化があります。法律を守る、規格を守る、という業務が組織としてオープンな中で行われることがなかった結果、小さなミスや違反を隠す、現場で隠蔽をした人がその部署の上司となり、隠蔽体質が組織として構築されてしまう。やがて、世間が驚くような大規模違反になり会社は傾く、というのがお決まりのパターンです。これを防ぐためには、システム化された全社対応を構築する必要があります。

また法令遵守はコンプライアンスの中核をなすものですので、化審法に関してても**もしもの時には速やかにトップにまで情報が届く仕組み**を普段から構築しておくことが必要です。それらのことを考慮して社内体制のモデルを【図5】に示します。

図5　化審法の社内体制モデル

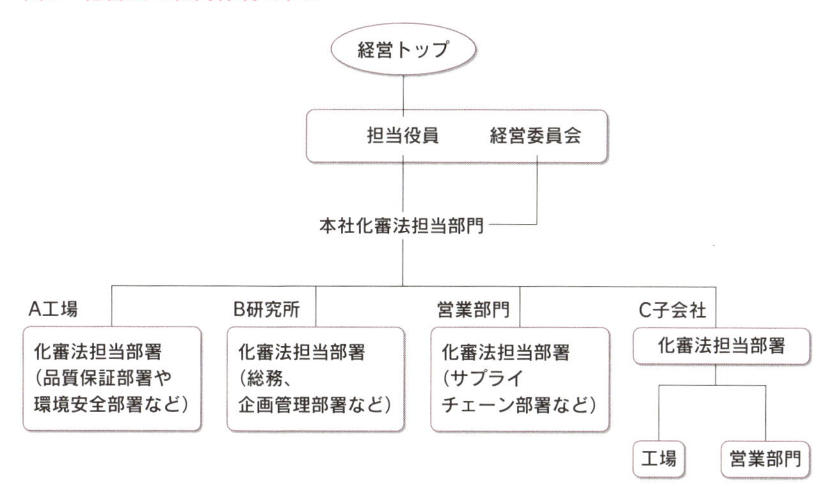

化学物質を取り扱う事業所（等）に必ず担当部署を設置し、
情報がスムーズにトップに届く情報伝達ルートを構築する

KEYWORD

06 届出・申出

POINT 新たな化学物質でビジネスを始める場合には、その化学物質が事前審査制度の対象になるかどうかを慎重に確認し、必要であれば三省に申請を行わなければ製造・輸入を開始することはできません。

1 新たなビジネスを立ち上げる前に

化学物質を商品とする新たなビジネスが立ち上がるまでに終えておかなければならない化審法の対応がいくつかあります。どのような場合にどのような対応を行うのかは本編で詳しく述べますが、事前に下の5項目のようなことを関係者は把握しておかなければなりません。これらの情報を関係者の間で一点の誤解もないように必ず共有してください。それが化審法対応のスタート地点です。

1. **その化学物質は化審法上の新規化学物質か、既存化学物質か**
2. **用途は何か**
3. **低分子か、高分子か**
4. **年間の製造予定数量はどのくらいか**
5. **自社製造か、輸入か、製造を委託して販売するのか**

これらを把握すれば、必要な事前対応の概略を知ることができます。

2 事前審査制度

本書では頻繁に「化審法届出」「化審法申出」という用語が出てきます。化学物質に関して何か新しいことをしようと思えば、化審法の所管三省に申請が必要になります。それはすでに述べた**事前審査制度**があるためです【図6】。新規ビジネスにも係らず申請が必要ではないこともあります。しかしそれは、新たなビジネスが事前審査制度の対象外であることを自らが細心の注意をもって確認した結果でなければなりません。「この化学物質はほかの会社がすでに売っているので自分たちも作って売っていいだろう」なんてことを考えると大間違いです。

また「このビジネスは何十年も前からやっているんだから」と、化学物質を製造しているにも係らず、化審法の最新情報や法規制をチェックすることなくビジネスを続けていると、法律が改正されていつの間にか違反状態を何年も続けていた……なんてことにもなります。

図6　化審法の目的と概要

化審法の目的

人の健康を損なうおそれ又は動植物の生息・生育に支障を及ぼすおそれがある化学物質による環境の汚染を防止。

化審法の概要

○新規化学物質の事前審査
○上市後の化学物質の継続的な管理措置
○化学物質の性状等（分解性、蓄積性、毒性、環境中での残留状況）に応じた規制措置

化審法対応の中で避けて通ることのできない**届出**とは申請者が必要な書類等を準備し三省に届出を行い、官庁においてその内容が審議されたのちに許可あるいは規制が判断されるものです。一方で**申出**は必要な書類を提出した場合、その書面が適切であれば認められるものです。本書では届出と申出は区別し、両者を指す場合には申請と表現します。

3 化審法における製造の定義

化審法における「製造」とは、化学反応を起こさせることにより化学物質を作り出すことを意味します。作り出した化学物質がさらなる製造の原料として使用される場合も原料の製造とされます（化審法ではこのような化学物質を「中間物」といいます）。ただし、原料として使用され、他の化学物質に変化するまでの化学反応が同一企業内において完了するのであれば、中間物については「製造」されたこととはしません（これを「自社内中間物」といいます）。つまり、自社内中間物は化審法の対象外ですが、中間物が他社に販売されれば化審法の対象となります。

4 いつから製造・開始が可能なのか

事前審査を行った場合は、審査完了後に「**通知書**」が発行されます。この通知書を「受領」したときに当該化学物質の製造や輸入が可能になります。つまり、通知書を受領する前であっても、その原料を購入したり、製造設備の立ち上げを行ったりすることはできます。当該化学物質を生み出す、まさにその化学反応を開始できるのが通知書受領時、ということになります。

KEYWORD

07 化審法対応にかかる費用

POINT 化審法対応部署が現場から最もよく受ける質問の1つが「費用はいくらかかるのですか？」です。正確な費用はケースバイケースという前提のもとに、担当者は概略を把握しておく必要があります。

1 書面手続きで済む場合と試験が必要な場合

化審法対応をするにはお金も時間もかかります。法令対応開始後の予算年度において、どのような化学品がどのような法対応をするのか、全体像を把握したうえで、数年かかる手続きの場合にはいつどの程度の支出があるのかも把握する必要があります。

化審法の手続きに必要な資料として、書面だけでよい手続きと、書面に加えて動物などを使った毒性試験・物化性状試験を添付しなければならない手続きの2通りに分かれます。後者についてはお金と時間が複雑で、年間何トン作るのか、物性はどうなのか、安全性試験をどこに委託するのか、によって費用は大きく異なります。ここでは大まかな目安を示します。化審法申請に必要な試験をすべて外部委託で実施する場合は、次のようになります。

2 概算費用

年間生産量・要件	類別	費用概算
年間1トン以下	少量新規	試験不要・基本は個社対応 自身で対応すれば無料 委託すれば数十万円
年間10トン以下	低生産量新規	百数十万円
年間10トン超	通常新規	三百万円～二千万円
高分子	高分子フロースキーム	百万円前後

3 実施が必要な試験

年間1トン以下	試験不要
年間10トン以下	分解度試験、分配係数測定、濃縮度試験
年間10トン超	（上記に加えて）エームス試験、染色体異常試験、反復投与毒性試験、魚類毒性試験、ミジンコ遊泳阻害試験、藻類生長阻害試験
高分子	分子量、分解度試験

概算費用の幅が大きいのは化学物質の物性や有害性によって要求される試験項目が異なるためです。「通常新規」と呼ばれるものは、年間製造数量の制限がなく新規化学物質を製造可能な申請方法ですが、自然界で容易に分解される化学物質であれば三百万円弱で申請が可能な一方、自然界で長期にわたって滞留が予想される難分解性化学物質は、多くの有害性試験が必要となり数千万円の高額となることもあります。

KEYWORD

08 化審法対応にかかる時間

POINT 新規化学物質を輸入·製造する場合の申請は、申請が受理される期間が定められているものもあります。また、申請準備開始から製造開始まで1年以上を要する場合もありますので注意が必要です。(第四条)

1 必要期間は申請の種類によって異なる

費用と並んで化審法担当者が多く受けるもう1つの質問は、化審法の対応をしようと決断してから、化学物質を製造したり輸入したりできるまでの期間です。費用同様に申請したい物質の物理化学特性や有害性によって、それらを確認するための試験に要する期間が異なります。私はおおよその目安として次のように説明して納得してもらっています。

年間生産量・要件	類別	期間概算
年間最大1トン	少量新規	試験不要
年間最大10トン	低生産量新規	～1年
年間10トン超	通常新規	1～2年
高分子	高分子フロースキーム	半年

2 非常に込み合っている受託機関

必要期間が不明瞭になる最大の原因は、**申請に必要な試験データを収集するために必要な日数がケースバイケース**のためです。1年間に何トンの新規化学物質を製造・輸入するのかによって要求される試験の種類も異なりますし、低分子なのか、化審法で定める高分子に該当するのかによっても異なります。また、化学物質が水に溶けやすいか否か、分解しやすいか否かは、その後の試験期間・費用に大きな影響を及ぼします。

近年は世界各国で化学品規制法令が強化されており、日本のみならず海外においても、有害性等の試験が要求されるため、各国の試験機関が多くの予約を受け付けており、待ち時間が発生することも珍しくなくなっています。試験は3か月で終わる内容なのに、すぐに受け付けてくれる試験委託先が見つからない、いつも利用している受託機関に相談したら半年待ちといわれた、などという事案も発生しています。

化審法の対応を行うことを決定し、有害性試験などが必要と分かったら、何よりも早く試験を受託してくれる機関を探し、試験枠の確保をすることが非常に重要です。書類の作成などは試験の実施中にゆっくり行えばよいことですし、書類作成そのものも委託してしまえば、早い段階で申請実施のめどを立てることができます。

3 当局審査期間は3か月

一方で、当局（正確には三省大臣）の**審査期間は3か月以内**と法律で定められています。これを法律専門用語（行政手続法）で「標準処理期間」といいます。化審法は私たち製造・輸入者を縛るだけでなく、審査を行う当局側にも規制をかける法律です。このように義務付けられている理由は、届出を行った新規化学物質は大臣からの通知を受領するまで製造・輸入者は扱うことができない状態に置かれるため、その期間を限定し、製造者・輸入者の法的安定性を確保するためとされています。当局は、3か月以内に、判定のみならず、その結果を届出者に通知することまで完了しなければならないことになっていますので、申請を実施すればそれ以降のビジネススケジュールは立てやすくなります。仮にこの期間内に通知が受領できなければ、行政不服審査法に基づく不作為の違法確認の訴えを提起することができます。

第四条
厚生労働大臣、経済産業大臣及び環境大臣は、前条第一項の届出があつたときは、その届出を受理した日から三月以内に、その届出に係る新規化学物質について既に得られているその組成、性状等に関する知見に基づいて、その新規化学物質（中略）を判定し、その結果をその届出をした者に通知しなければならない。

KEYWORD 09

製造したい年間数量と化審法の関係

POINT 新規化学物質は1年間に製造・輸入したい数量によって申請方法が3段階に分かれており、その区切りは年間（4月～翌年3月）、1トン以下、10トン以下、10トン超となっています。

1 少量新規・低生産量新規・通常新規

1年間（4月～翌年3月）に何トンの製造を希望するかによって**少量新規**、**低生産量新規**、**通常新規**という3種類の手続きに分かれます。

化審法の対応についてもう少し詳しく分類すると【図7】のようになります。表中の専門用語については後のKEYWORDで順次説明します。

図7　化審法申出・届出までのフローチャート

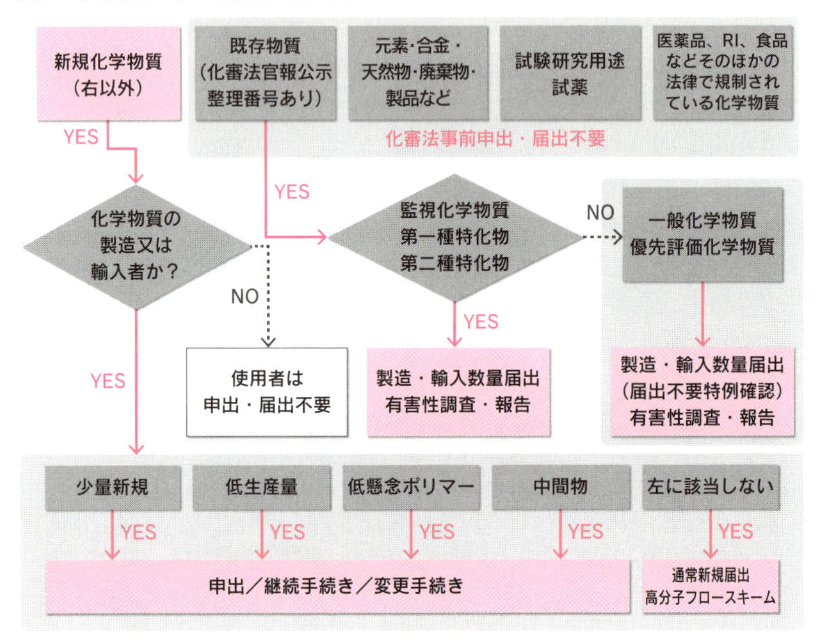

次の４種類に該当する化学物質は環境への影響が少ないと判断されて生物を使った毒性試験などが免除され、事前確認等の簡易な方法で製造に着手することができます。

- 動物の体内に高濃度に濃縮されることはなく、年間生産量が比較的少ない低生産量新規
- そもそも製造量が少ない少量新規
- 全量が他の物質に変化してなくなるか輸出される中間物等
- 体内に吸収されても安全性が高いと考えられる低懸念ポリマー

2 化審法事前申出・届出不要とは

さて、フローチャートには「**化審法事前申出・届出不要**」というなんだかうれしくなる項目があります。それらについて具体的に列挙すると下記のような化学物質が該当します（第三条条文45ページ）。これらについては直ちに製造・輸入が可能ですが、化審法の対応が不要であるだけで、化審法に関連して注意すべきことはあります。これらについてものちの章で述べます。

① 届出対象外として三省が指定した次の物質
- 元素・合金・天然物をそのまま使用する場合
- 自社の工場で製造し、自社の工場で原料として完全に消費される**自社内中間体**
- 表面処理、塗装、接着などで場所限定的に生成する物質
- 固有の形状をしており、そのまま使用される製品
- 他の法令で規制されるもの（廃棄物処理法、食品衛生法、農薬取締法、薬機法、肥料取締法、毒劇法、飼料安全法、放射線障害防止法、麻薬取締法、覚せい剤取締法）。ただし、他の法令で規制されている物質でも用途が変われば化審法届出対象となります。たとえば、医薬品化学物質を塗料に使うケースなどが該当します。

② 官報で公示された物質（データベースで検索して確認可能）
③ 研究開発用途
④ 不純物
⑤ ②の物質の混合物
⑥ 化審法で定められた要件を満たす安定なポリマー

KEYWORD

10 一般化学物質と優先評価化学物質

POINT 化審法においては、届出規定等が特別に設けられている優先評価化学物質、監視化学物質、第一・二種特定化学物質、新規化学物質以外の化学物質を「一般化学物質」と定義します。（第二条）

1 一般化学物質

化審法では「優先評価化学物質」「監視化学物質」「第一種特定化学物質」「第二種特定化学物質」「新規化学物質」について届出規定等が定められています。それ以外の化学物質を「一般化学物質」と定義しています。一般化学物質には既存化学物質も含まれ、製造数量等の届出をしなければならないことが定められています。

一般化学物質を1トン以上製造・輸入した場合は、経済産業大臣に対して、毎年度、**製造・輸入数量等を届出**なければなりません。

2 優先評価化学物質

優先評価化学物質とは、審査の結果、有害性がないとは言い切れず、今後の追加的検討が必要と判断された物質のことです。人への健康影響や生態系へのリスクがあることが明確であれば、その化学物質は第二種特定化学物質とされます。第二種特定化学物質の有害性要件は人又は生活環境動植物への長期毒性です。優先評価化学物質は第二種特定化学物質に該当しないとは認められず、依然としてリスク懸念のある物質です。そのため、環境の汚染により人の健康に係る被害又は生活環境動植物の生息若しくは生育に係る被害を生ずるおそれがあるかどうかについての評価（リスク評価）を当局が優先的に行う必要がある物質として三省が指定したものです。

自社で製造・輸入・使用している化学物質が**優先評価化学物質**に指定された際に気になることは、何らかの追加対応が必要になるのではないか、ビジネスに数量などの制限がかかるのではないか、追加の何らかの届出が必要になるのではないか、などなどではないかと思います。しかし、後の章で述べる化審法数量等報告で詳細な情報が求められることになりますが、製造や使用、販売に制限が加えられるようなことはありません。また、将来、より詳細な有害性等の資料提供依頼が三省より来る可能性がありますが、この対応は任意での依頼の形で交付されます。

第二条　5

この法律において「**優先評価化学物質**」とは、その化学物質に関して得られている知見からみて、当該化学物質が第三項各号のいずれにも該当しないことが明らかであると認められず、かつ、その知見及びその製造、輸入等の状況からみて、当該化学物質が環境において相当程度残留しているか、又はその状況に至る見込みがあると認められる化学物質であつて、当該化学物質による 環境の汚染により人の健康に係る被害又は生活環境動植物の生息若しくは生育に係る被害を生ずるおそれがないと認められないものであるため、その性状に関する情報を収集し、及びその使用等の状況を把握することにより、そのおそれがあるものであるかどうかについての評価を優先的に行う必要があると認められる化学物質として厚生労働大臣、経済産業大臣及び環境大臣が指定するものをいう。

KEYWORD 11 第一種特定化学物質と第二種特定化学物質

POINT **化審法制定のきっかけとなったPCB類似の分解しにくく、生物の体内に蓄積する性質を持ち、有害性が高く人の健康を損なうおそれがある物質を特定化学物質といいます。（第二条）**

1 第一種特定化学物質

第一種特定化学物質は環境中に放出されても分解で消失せず、動植物の体内に摂取されると排出も分解もされないため体内に蓄積して長期にわたり毒性を発現し、食物連鎖によって濃縮が進行するとともに高次捕食動物（人間など）への慢性毒性を有する化学物質として指定された物質です。第一種特定化学物質については、許可を受ければ製造・輸入が可能ですが、**原則として製造・輸入禁止**です。そのほか、使用の制限、政令指定製品の輸入制限や第一種取扱事業者に対する基準適合義務及び表示義務等が規定されています。

2 第二種特定化学物質

第二種特定化学物質は蓄積性を有さないけれど、分解しにくく環境中に残存し、人の健康や動植物の生息・生育にリスクがあるとして指定された物質です。製造・輸入には届出が必要で、当局より様々な規制がかけられます。

これらの化学物質を取り扱うのはごく一部の限られた企業ですので、本書では特定化学物質の規制や手続きについては省略します。現実には新たに許可を得ることは難しく、現状は代替物質がなくやむを得ず使用している場合でも、できるだけ早く使用を中止することが望まれます。

また、第一種、第二種に共通する考え方として、製造・輸入する化学物質が自然的作用による化学的変化を生じやすいもので、自然的作用による化学的変化により生成する化学物質の性質が該当種特定化学物質に該当する場合は、その元となる物質は該当種特定化学物質と判定されます。

第二条　2（抜粋）

この法律において「**第一種特定化学物質**」とは、次の各号のいずれかに該当する化学物質で政令で定めるものをいう。

一　イ及びロに該当するものであること。

イ　自然的作用による化学的変化を生じにくいものであり、かつ、生物の体内に蓄積されやすいものであること。

ロ　次のいずれかに該当するものであること。

(1) 継続的に摂取される場合には、人の健康を損なうおそれがあるものであること。

(2) 継続的に摂取される場合には、高次捕食動物（生活環境動植物（その生息又は生育に支障を生ずる場合には、人の生活環境の保全上支障を生ずるおそれがある動植物をいう。以下同じ。）に該当する動物のうち、食物連鎖を通じてイに該当する化学物質を最もその体内に蓄積しやすい状況にあるものをいう。以下同じ。）の生息又は生育に支障を及ぼすおそれがあるものであること。

第二条　3（抜粋）

この法律において「**第二種特定化学物質**」とは、次の各号のいずれかに該当し、かつ、その有する性状及びその製造、輸入、使用等の状況からみて相当広範な地域の環境において当該化学物質が相当程度残留しているか、又は近くその状況に至ることが確実であると見込まれることにより、人の健康に係る被害又は生活環境動植物の生息若しくは生育に係る被害を生ずるおそれがあると認められる化学物質で政令で定めるものをいう。

一イ　継続的に摂取される場合には人の健康を損なうおそれがあるものであること。

二イ　継続的に摂取され、又はこれにさらされる場合には生活環境動植物の生息又は生育に支障を及ぼすおそれがあるものであること。

KEYWORD

12 化審法における届出名称について

POINT 海外の類似法令と大きく異なる点の1つが、化審法は名称で物質を特定する点です。海外法令ではCAS番号で特定する場合が多いのですが、化審法ではCAS番号は参考情報として扱われます。

1 名称で物質を特定

化審法の対応をするには化学物質ごとに固有の名称が必要です。化審法はCAS登録番号などではなく、**名称で化合物を特定**するからです。次に申請ごとに選択可能な名称を示します。少量新規は実に様々な命名が可能です。研究中の化学物質で正式な名称がない場合は研究コードや自社内の化学物質番号などで申出も可能です。

少量新規	IUPAC名称、CAS名称、商品名、略号等　化学物質が特定できる名称
低生産量新規	IUPAC名称（別名がある場合は併記）、IUPAC命名が難しい場合は製法に基づく名称も可
低懸念ポリマー	IUPAC名称、CAS名称、商品名、略称
中間物	IUPAC名称、IUPAC命名が難しい場合は製法に基づく名称も可
通常新規	IUPAC名称（別名がある場合は併記）、IUPAC命名が難しい場合は製法に基づく名称も可
高分子フロースキーム	IUPAC名称（別名がある場合は併記）、IUPAC命名が難しい場合は製法に基づく名称も可

名称には「・」（中点）と「、」（読点）を使用することも可能です。この意味は「・」は原則として「及び」。「、」は原則として「又は」です。

2 ポリマーの名称

ポリマーの届出名称はIUPAC名で記載することになっており、原則としてモノマーをアルファベット順に並べて命名します。重合の過程で発生する実在しないモノマーを構成単位として名称に加えることもあります。IUPACによる命名が難しい場合には、製法に基づく名称（AとBとCの重合物、など）も認められています。

3 CAS登録番号とIUPAC名称

CAS登録番号：CASは「キャス」と読みます。米国化学会が発行するケミカル・アブストラクツ誌で使用される化合物番号で、同学会の下部組織であるCAS（ケミカル・アブストラクツ・サービス）が、登録業務を行っています。自社化合物を申請してCAS登録番号をつけてもらうこともできますし、CAS自身が特許や文献を調査してCAS番号のない化学物質に番号を付与していたりします。そのため、自分ではCAS番号を申請していないのに、特許から引っ張られていつの間にか勝手にCAS番号がついていることもあります。

IUPAC名称：IUPACは「アイユーパック」と読みます。国際純正・応用化学連合（IUPAC）が化学物質の名前の付け方を体系的に定めた命名法の世界規格のようなものです。

注）国内ではJETOC㈳日本化学物質安全・情報センターが判定受託しています。

KEYWORD

13 新規化学物質

POINT 化審法においては、「新規化学物質」の取り扱いは慎重に行われなければなりません。新規化学物質を事前の申請なしに製造・輸入すると法令違反となります。（第二条）

1 新規性調査

さぁ、これから、今まで自社では扱ったことのない新しい化学物質の製造（輸入）を始めるぞ！　という時には、まずは法的にその化学物質が新規化学物質かどうか調査しなければなりません。これを「**新規性調査**」といいます。ビジネス対象の化学物質が新規化学物質かそれ以外かで、その後の対応が大きく異なります。新規化学物質であれば事前確認申請（すでに述べた少量新規や低生産量新規、通常新規などの手続き）が必要な化学物質です。化審法でいう「新規」とは科学的・学術的に新規な化学物質であるかどうかとは判断が異なります。たとえば、世界中で流通していて容易に購入が可能な物質であっても、データベース（**NITE製品評価技術基盤機構**が**CHRIP**というデータベースを提供しています）で調べてみると化審法上は新規化学物質であり、購入して使用するのは自由だけれど、製造や輸入をするには申請が必要だった、という場合もあります。

また、化審法の物質管理の特徴として、CAS番号などの固有な記号ではなく、名称で新規と既存の判断を行う点があります。多くの化学物質は複数の名称を命名可能です。従って、法令担当者は自社独自の新規化学物質だと考えても、化学物質の命名に詳しい担当者を交えて新規性調査を行ったところ、名称の読み替えで既存化学物質に含めることができた、というケースもあります。名称の工夫で新規化学物質だと思っていたものが実は既存化学物質だったとわかれば、ビジネス上は圧倒的に有利になります。新規性調査は、化学物質の命名に詳しい人を巻き込んで十分に時間をかけて新規or既存の判断を行ってください。安易に新規と判断すれば費用が1000万円、製造は20か月先になるところが、新規化学物質の法令対応なく直ちに製造が可能になる場合もあるのです。
　届出の必要のない既存化学物質を新規化学物質と誤判断して届出ても、三省は「既存化学物質ですので届出不要ですよ」とは教えてくれません。提出した届出書類は粛々と処理されます。既存化学物質を届出ても法律違反にはなりませんが、それまでの膨大な時間、手間やコストが無駄になります。届出をしなければならない物質を届出ずに製造・輸入するのは重大な法律違反ですが、十分な調査を怠って、あるいはわからないからとりあえず届出をしておけばいいだろうという判断で届出しなくてもよい物質を届出てしまうことも大きな問題ですので注意してください。

2 新規性の調査方法

　新規性調査はネット上で公開されているデータベースを使用します。無料で利用できて情報の信頼性も高いのは、製品評価技術基盤機構（NITE：ナイト）が公開している化学物質総合情報提供システム（CHRIP：クリップ）です。NITEは化学品・工業製品などの安全・技術上の評価や品質に関する情報の収集・提供行う独立行政法人で、ストーブなどの火災実験で有名ですね。過去、通商産業省（当時）の出先機関だった経緯を持ちます。ここで化学物質管理に関する情報が提供されています。
　http：//www.safe.nite.go.jp/japan/db.html
　CHRIPの［総合検索］から各種番号（CASなど）、名称（の一部）、分子式で検索を行い、目的物質がヒットした場合、表示された情報の中に「化審法官報公示整理番号」が記載されていれば新規化学物質としての届出は不要です。
　たとえば、エタノールをCAS番号「64-17-5」で検索すると「化審法官報整理番号　2-202」であることが確認でき、これは既存化学物質です。
　データベースはCHRIP以外にも商用データベースも多数公開されています。研究所などでよく導入されているSTNもchemlist（ケムリスト）というデータベースが化審法に対応しています。chemlistは世界各国の化学品規制当局が信頼しているデータベースですので、機会があればchemlistにも習熟しておくと、海外対応の必要が生じた際には便利かと思います。

KEYWORD

14 不純物

POINT **化審法の事前審査制度で最も注意すべき点は不純物です。不純物として含まれる化学物質についてはその含有割合が1%未満であれば新規化学物質としては取り扱われません。**

1 許容される不純物含量

化審法は、世界各国の化学品規制法令の中でも不純物に厳しい法律です。化審法の対応をしていると、不純物の問題は必ず登場するといってもよいでしょう。化審法で不純物は次のように運用されています。

化学物質の審査及び製造等の規制に関する法律の運用について（平成23年3月31日）
2-1（1）② 不純物として含まれる化合物については、その含有割合が**1重量%未満**の場合は、当該化合物は新規化学物質として取り扱わないものとする。なお、「不純物」とは、目的とする成分以外の未反応原料、反応触媒、指示薬、副生成物（意図した反応とは異なる反応により生成したもの）等をいう

不純物が既存化学物質であるならば、1%以上含まれていても法対応上は「新規化学物質と既存化学物質の混合物」とみなすことができ、問題とはなりません。また、化学物質に不純物として新規化学物質が含まれる場合でも、一種類ごとに1%未満であれば新規化学物質としての対応は不要です。不純物は複数含まれていてもすべてが1%未満であれば許されます。重量%（wt%）とされていますが、実際の測定にはHPLC（高速液体クロマトグラフ）やGC（ガスクロマトグラフ）のデータが用いられます。逆に言えば、化学物質に含まれる不純物が新規化学物質に相当する場合、あるいは同定できない場合、その含量がそれぞれ1重量%以上の場合には物質を

特定し、その届出をしなければなりません。これはとても大きなコストです。新規化学物質の場合は合成経路を工夫する、精製工程を工夫するなどして純度を高める工夫をしなければなりません。なお、溶媒で希釈されている場合は溶媒を除いた部分で不純物の含量を計算してください【図8】。

図8　溶媒を含む混合物の不純物は？

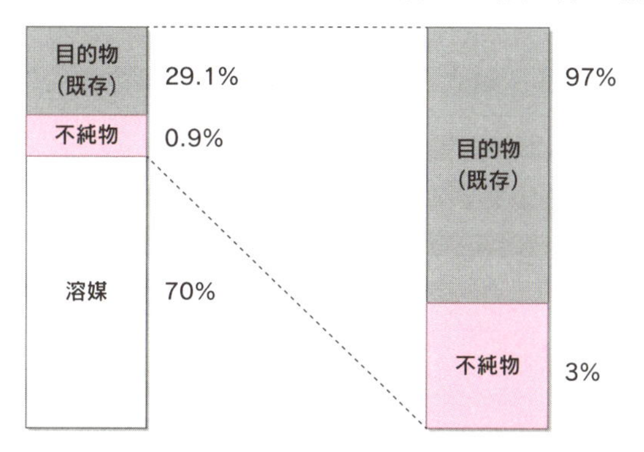

KEYWORD

15 不純物の特殊な取り扱い

POINT **不純物と塩の取り扱いについては化審法と安衛法、海外法令で取り扱いがバラバラなので、混同してしまわないように、化審法での扱いをしっかり整理して理解する必要があります。**

1 1%以上の不純物

不純物は除去しきれずにやむを得ず存在してしまっている原料由来の物質や化学反応の副生成物などに限定されます。従って、化学物質の製造過程で、化学物質を安定に存在させるためや、物性を改変するために**意図的に添加**せざるを得なかった化学物質は、ごく微量であっても不純物とはみなされません。それが新規化学物質であれば少量新規などの対応が必要となります。

最終製品に**1物質ごとに1%以上**の新規化学物質に該当する不純物等が残存する場合、それを精製で除去し、廃棄あるいは原料に戻して自社内中間体として使用すれば化審法の対応は不要です。これを除去しきれない場合には化審法の対応が必要です。1年間に製造されるこの不純物の合計トン数を正確に計算し、1トン以下であれば、反応工程の副生成物であることを名称と反応図で示すことにより、少量新規で対応することができます。年間1トンを超える場合は純品による有害性試験等が必要になりますので、この不純物を単離精製して試験を実施することになります。どうしても分離が不可能な場合は混合物としての届出も可能ですが、この場合は事前にNITEへの相談が必要ですので、独断で届出を行わないように注意してください。

2 副生成物の燃料利用

化学物質を製造する際の副生成物を除去して、工場の燃料として使用することもあると思われますが、この場合は注意が必要です。燃料は廃棄物とはみなされません。つまり、工場では不要な副生成物を燃やして有効活用しているつもりでも、化審法上は「燃料」として人為的な化学反応で製造していることになります。従って、化審法の対象となります。燃料として使用している化学物質について、成分を明らかにし、新規・既存の判断から調査を始めてください。ただし、副生成物を単に廃掃法の下で工場の炉で焼却処分する場合は化審法対応は不要です。

3 保管中の自然発生物

化審法を満たす製造を行い、倉庫で保管していた化学物質が、空気中の酸素と酸化反応を起こし、予期しない物質が生成していた場合、これが、この生成物を得るための意図的な大気中放置でなければ、化審法で定める人為的に化学反応を起こさせたことには該当しませんので、当該酸化物の製造には該当せず、単離廃棄や届出は不要です。

KEYWORD

16 既存扱いとなる特殊な物質

POINT **化審法では、ある種の特殊な化合物、塩は新規化学物質であっても、それを構成する分子が既存化学物質の場合には既存化学物質扱いとされるケースがあります。**

1 既存とみなされる混合物

複数の化学物質が単に交じり合っただけの**混合物**なども既存とみなされる場合があります。それらのルールは次のようになっています。

① 混合物に含まれるそれぞれの化学物質がすべて既存化学物質の場合は申請は不要です。少量新規や低生産量の申出を自社で行った物質も含めることができます。他社がその新規化学物質の申出を行い確認を受けていることを把握していても、製造・輸入を行う自社での申出がなされていなければ、既存化学物質の混合物とは認められず、新規化学物質成分について申出対応が必要です。

② 既存化学物質から構成される分子間化合物（異なる分子が一定の分子数比で付加して生じる化合物）、包摂化合物、水和物、有機化合物の付加塩（ただし金属塩は毒性が出やすいことが原因で既存とみなされません）、オニウム塩【図9-1、9-2】

③ 構成成分が既存化学物質の復塩、固溶体、混合金属塩

図9-1　既存とみなされる混合物の例

分子間化合物

$CaCl_3 \cdot 4CH_3OH$

水和物

$SuSO_4 \cdot 5H_2O$

有機化合物の付加塩

$CH_3COO^- \ {}^+HN$

包摂化合物

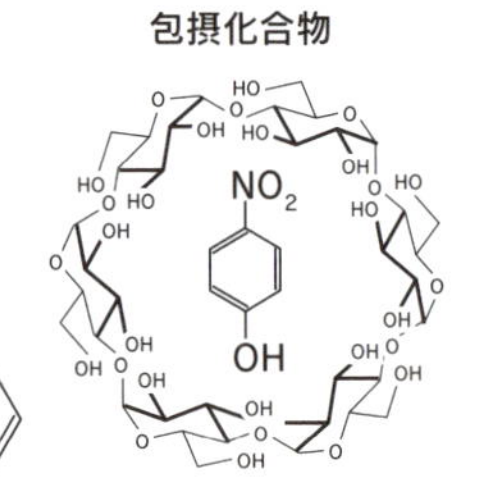

注）ナトリウム塩等の金属塩は該当しません

$CH_3COO^{\ominus}$ $Na^{\oplus}$ → 既存物質扱い

図9-2　既存とみなされるオニウム塩の例

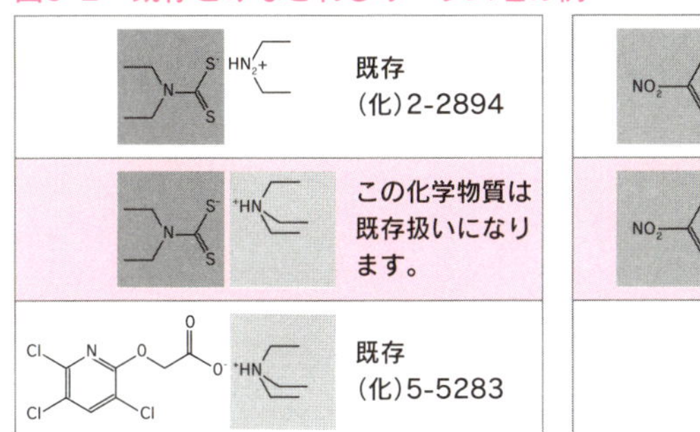

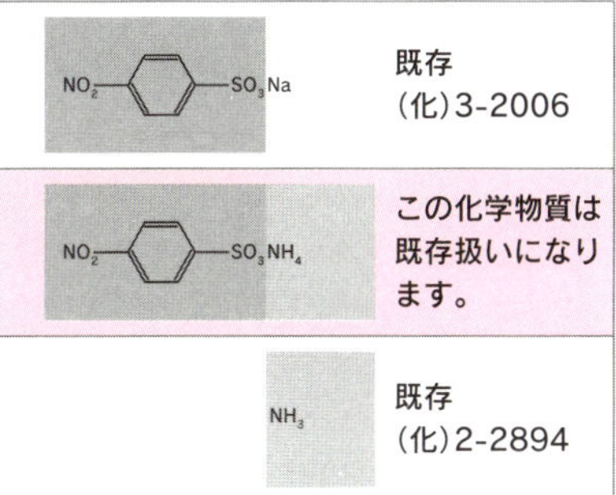

2 製品とみなされる混合物

また、混合物においても製品とみなされる場合があります【図10】。

図10　混合物における化学物質と製品の識別フロー

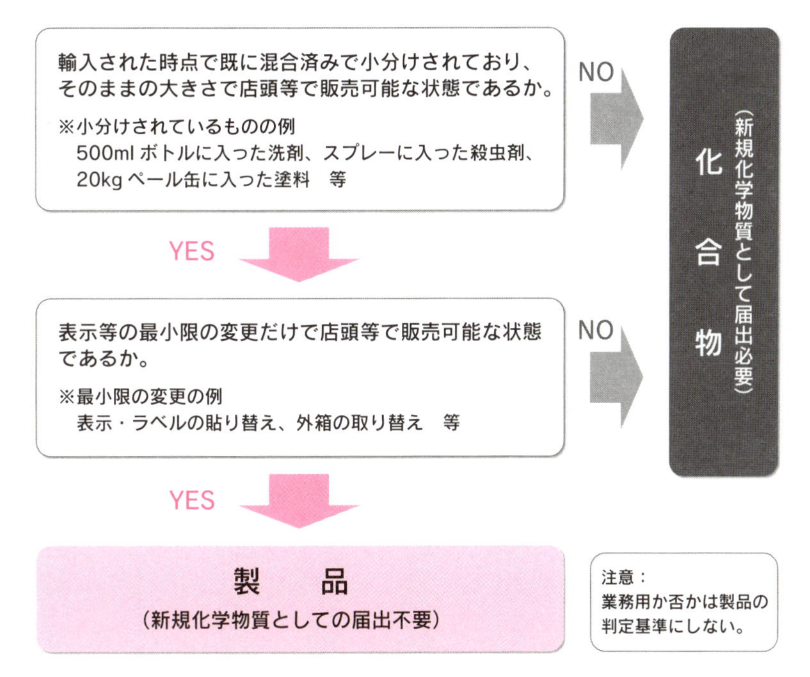

KEYWORD
17 医薬品の化審法対応

POINT 化審法では、他の法令で規制されている化学物質は対象外となります。薬機法で規制されている医薬品も対象外ですが、医薬品に至るまでの中間体等は化審法で規制されることになるので注意が必要です。

1 医薬品は化審法適用除外だが……

医薬品は特定用途として規制を行う「**医薬品、医療機器等の品質、有効性及び安全性の確保等に関する法律（薬機法）**」との関係で化審法適用除外とされています。また原薬製造も薬機法管理下にありますので化審法の対応は不要です。（第五十五条）

第五十五条（逐条解説）
他の法律による規制との重複を排除する観点から、他の法律により化学物質による人の健康及び生活環境動植物に係る被害が生じることを防止するための規制措置を講じることができる場合には、本法に基づく規制の対象外とされている。
具体的には、食品衛生法の「食品」、「添加物」、「容器包装」、「おもちゃ」、「洗浄剤」、農薬取締法の「農薬」、肥料取締法の「普通肥料」、飼料の安全性の確保及び品質の改善に関する法律の「飼料」、「飼料添加物」、薬事法の「医薬品」、「医薬部外品」、「化粧品」、「医療機器」等について、本法の関連する規制は適用除外とされている。

ただし、医薬品等の合成材料として使用する原材料を製造又は輸入する場合は、全量医薬品等の製造に使用する場合であっても化審法の対象となり届出等が必要です。また、化学物質としては医薬品と同じ構造であっても、それを医薬品以外の目的で使用するために輸入・製造する場合には化審法のすべての規定が適用されます。

申請中（承認前）の医薬品の原体の製造を承認前に行いたい場合は問題が複雑になります。基本的には都度、厚生労働省に相談するべきですが、作った原体を承認後医薬品とすることを前提として、承認前の原体製造は薬機法であり、化審法の対象外であると判断される可能性があります。

また、医薬品用途であっても医薬中間体は化審法の対象ですので、化審法中間物等の申出など、化審法の対応が必要です【図11】。

試験研究用途との線引きも注意が必要です。医薬品の場合は製造見本という取り扱いがあり、医療用医薬品製造販売業公正取引協議会の公正競争規約では製造見本は「医療担当者が当該医療用医薬品の使用に先立って、剤型及び色、味、におい等、外観的特性について確認することを目的とするもの」と定義されています。このために、化学物質を使用するにはたとえ商用使用はしないとしても、試験研究用途判断で試作製造した物質を使用することはできません。製剤見本用途は試験研究とは認められません。

図11　医薬品用途でも、原材料や中間体は化審法の対象

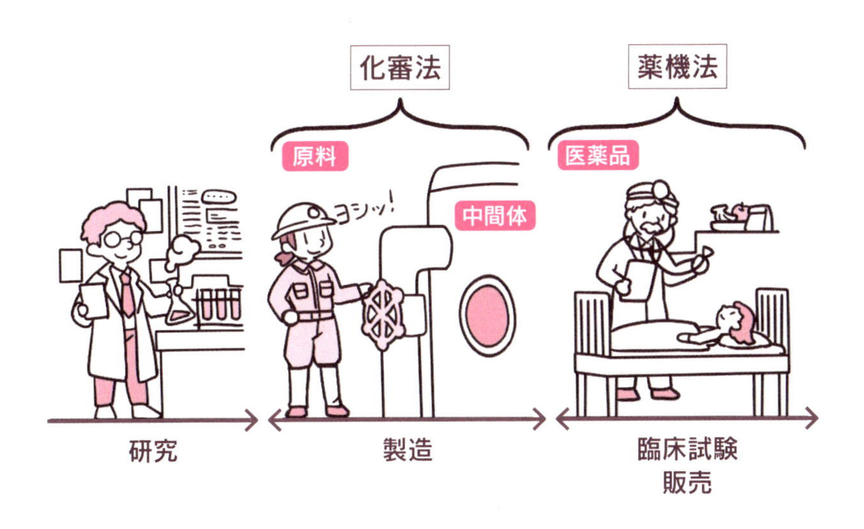

KEYWORD

18 自社内中間体とは

POINT **化審法は、新規化学物質が環境中に放出されることを非常に慎重に取り扱います。逆に言えば、工場の反応槽の中で一時的に生成するような新規化学物質は対象外とされています。**

1 自社内中間体とは

化学物質Aを製造するために、その製造途上で化学物質Bを得て、これに化学反応を起こさせることによりその全量を変化させる場合、化学物質Bを**自社内中間体**といいます【図12】。自社内中間体Bは新規化学物質であっても、同一事業所内において化学物質Aの製造に使用されるとき、化審法における新規化学物質の製造には該当しません。従って、自社内中間体は化審法の届出は不要です。たとえば、Aを作る工場がA県にあり、Bを作る工場がB県にあって、その間の移動を伴う場合も、A工場・B工場ともに自社工場であれば自社内中間体として認められます。

図12 自社内中間体とは

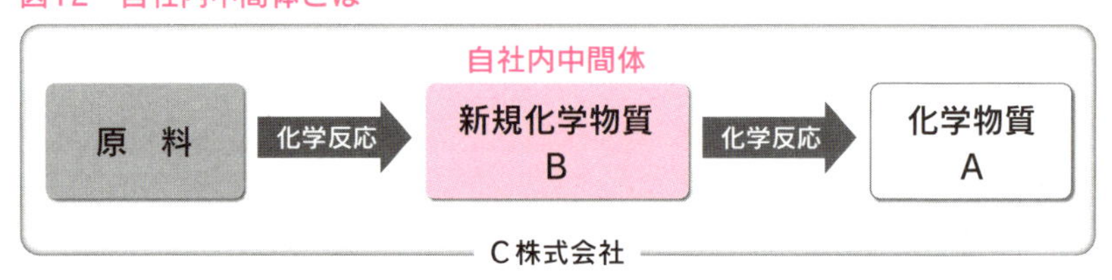

2 自社内中間体と認められないケース

新規化学物質Bを作る会社とそれを化学物質Aに変化させる会社が異なる場合は、たとえ同じ敷地内であっても、さらには、両工場がパイプラインでつながっており、全反応が連続的に起こっているとしても新規化学物質Bを得る行為は、新規化学物質を製造することになりますので、化審法の対応が必要です【図13】。

図13　自社内中間体に該当しない例

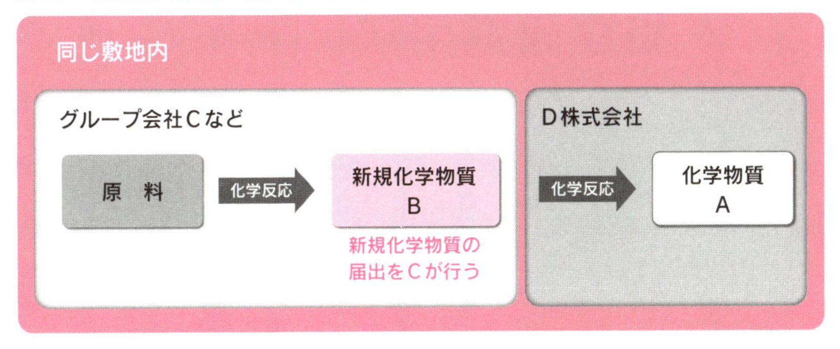

KEYWORD
19 試験研究用途

POINT 化審法第３条第１項第２号に基づき、試験研究のための新規化学物質を製造・輸入する場合は製造等の届出は必要ありません。これには譲渡先で試験研究用途で使用される化学物質の製造・輸入も含まれます。

1 試験研究用途の範囲

化審法では、試験研究用途は申出、届出が除外されます。化学メーカーの研究所では新商品を生み出すために、さまざまな化学物質が合成され、評価・検討されますが、それらはすべて化審法対応が不要です。また、実験室スケールを超えた大量合成実験や、工場の実機を使った試作合成、工場の運転条件を検討するための合成などもすべて試験研究用途として認められます。

自社で合成した新規化学物質を評価の目的で評価受託機関、企業、大学などに渡す際もすべて**試験研究用途**です。この際に金銭の授受があっても問題はありません。

海外への発送（輸出）も可能ですが、外国では試験研究用途に対しても事前の届出を要求している国が多くありますので（近隣では中国、韓国）、化審法上は問題ありませんが、輸出先の法令には適切に対応を行ってください。

2 試験研究用途の注意点

一方で要注意なのが出荷先での使用状況です。自社では試験研究用途で製造しても、受け取った会社で商品に使われてしまうと、それは試験研究用途ではなくなります。その際に化審法上**誰が罰されるかといえば、製造者**なのです。そのような自社で対応不能な部分での行為で自社が法令違反状態に陥れられないよう、譲渡時には「化審法試験研究用途」であることを契約書、COA、SDSなど何らかの形で文章で明確にし、口頭でも適切な担当者に説明しておく必要があります。しかし、そのような対応をとっていても、商品として使用されてしまえば製造者の違反にはなってしまいますが、事前の取り決めをもとに違反によって製造中止となったことなどの補償を求める程度のことは可能でしょう。

3 試薬とは

化審法においては、試薬も新規化学物質であっても化審法新規対応を行うことなく製造でき、しかも販売も可能です。その化学物質が試薬かどうかは、化審法で定められた用途、すなわち「化学的方法による物質の検出若しくは定量、物質の合成の実験又は物質の物理的特性の測定のために使用される化学物質」を満たしていればよいだけではありません。判断は、製造形態や荷姿等によっても行われます。つまり、新規化学物質を市販のバイアルビンに入れて「これは試薬です」と言っても通用しません。商品としてのラベルなどが美しく用意されている必要があります。また、それらの荷姿を満たした試薬であっても、**工業原料などに使用される場合は試薬とは認められません**。

第三条第一項第二号(製造等の届出)

第三条 新規化学物質を製造し、又は輸入しようとする者は、あらかじめ、厚生労働省令、経済産業省令、環境省令で定めるところにより、その新規化学物質の名称その他の厚生労働省令、経済産業省令、環境省令で定める事項を厚生労働大臣、経済産業大臣及び環境大臣に届出なければならない。ただし、次の各号のいずれかに該当するときは、この限りでない。

(中略)

二　試験研究のため新規化学物質を製造し、又は輸入しようとするとき。

KEYWORD
20 試験研究用途の輸入

POINT **新規化学物質を輸入する場合は、あらかじめ厚生労働大臣、経済産業大臣及び環境大臣へ必要事項を届出等し、審査又は確認を受ける必要がありますので注意が必要です。**

1 新規性の判定は国内法に従う

ここでいう新規化学物質とは、製造された他国での取り扱いではなく、化審法での取り扱いに従うことになります。他国にも化審法同様の化学物質規制法令があり、新規／既存化学物質の判定が行われていますが、他国で既存であっても、化審法による判定に従って新規であれば、対応が必要です。

しかし、用途が試験研究用途であれば、輸入についても特例措置が取られます。試験研究用として用いられる新規化学物質については、輸入申告に係る化学物質は試験研究用途として輸入するものである旨を定められた書式で、**輸入申告の際に**提出することで輸入が可能となります。

一例としてFedEx起用時を例にして説明します。

2 試験研究用途での輸入手続き

手続きの例）「書類1：INVOICE」及び「書類2：税関長宛書類」の2通を、FedEx通関部にFAXします。

書類1：Invoiceの荷受人（IMPORTER）欄に自社情報の明示が必要ですので、FedExから問い合わせが来た時に対応できる人の名前と連絡先を会社名、会社住所とともに英語で記載します。

書類2：様式第2に従った税関長宛の書類を社長印付きで作成します。

FedEx通関部に書類1及び2をFAXすれば、通関手続きは完了です。

様式第２

化学物質の審査及び製造等の規制に関する法律に係る
輸入新規化学物質用途確認書（試験研究用又は試薬用）

年　　月　　日

□□税関長　殿

氏名又は名称及び法人にあ
つては、その代表者の氏名

住　所

今般の輸入申告に係る｛輸入（納税）申告書に記載した名称｝は、

｛ 試験研究用
　 試薬 ｝

として輸入するものに相違ありません。

担当者氏名
電話番号

備考
　１．用紙の大きさは、日本工業規格Ａ４とする。
　２．｛　　｝は、該当する事項を記載すること。

※書式は、以下の様式第2に従ってください。
https://www.meti.go.jp/policy/chemical_management/kasinhou/files/todoke/import/tsukan_190322.pdf

KEYWORD

21 全量が製品となる特殊な例

POINT B to B でビジネスをしている場合は、用途を決定するのは顧客になるため、思いもしない使われ方をすると、化学物質か製品かの判断が難しくなるので十分確認が必要です。

1 判断が難しいとき——化学物質か？製品か？

製造される物がフィルムやウレタンフォームのように最終用途にそのまま使える商品形状であっても、フィルム、ウレタンフォームなどの形状への成形等を行う前の化学物質は化学反応によって得ているはずですので、当該物質の届出が化審法上必要となります（【図14】の場合、いずれも化学物質Aについて化審法対応が必要です）。考え方としては、最終製品がフィルム（＝製品）のため化審法申請をしないとした場合、一連のプロセスで化学物質が新たに生み出されているにも係らず、何も申請が行われないまま市場に流通することになるためです。

2 判断は顧客の用途次第のこともある

フィルムや発泡体をそのままの形状ではなく、顧客が加工（粉砕や化学反応を伴う加工）して**原料とみなされる使用を行った場合、製造者の違反**となります。それを避けるために、フィルムについても化審法対応を行うことも選択肢の1つです【図15】。つまり、一連の製品化の中でフィルムとその1つ前の化学物質の両方について化審法を行うという方法です。フィルムは高分子として認められるケースが多いため、費用の追加はさほど多くありません。同様の考え方で、前述の試験研究用途についても、少量新規の事前申出も可能です。そうしておけば、評価の結果が良好であればそのまま製品に使用することもできます。

図14　全量が製品となる特殊な例

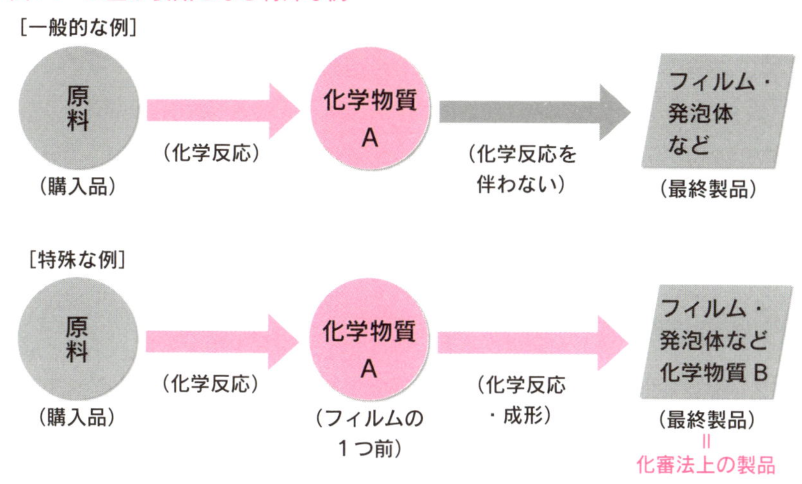

図15　成形品における化学物質と製品の識別方法

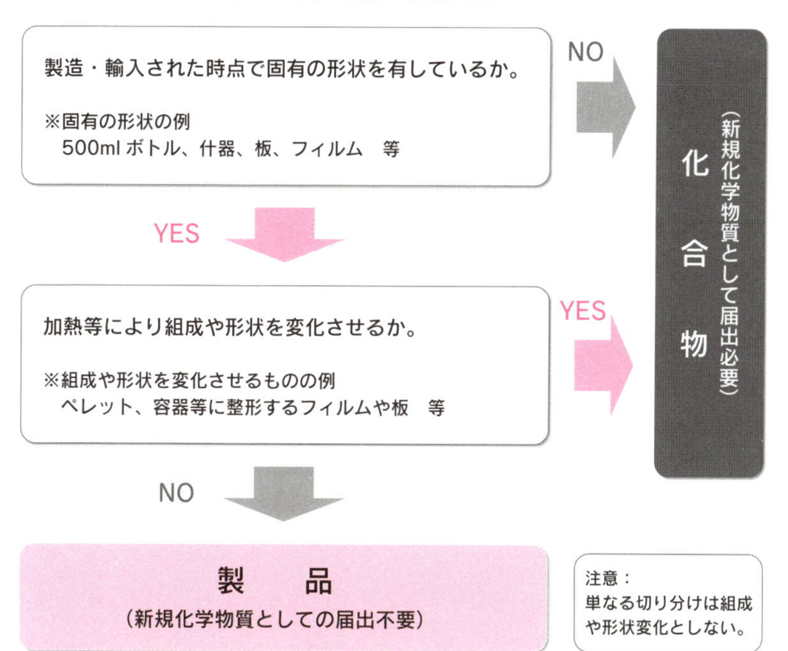

KEYWORD

22 製品と化合物の確認方法

POINT **化審法では成形品(アーティクル)は対象外とされていますが、消費者として明らかに成形品と判断・流通されるもの以外は、用途によっては化学物質と判断される場合がありますので注意が必要です。**

1 成形品

化審法においては次の定義に合致するものについては「**製品**」「**成形品(アーティクル)**」と呼ばれ、法の対象外となります。

固有の製品形状を有し、使用過程において化学反応を伴わず組成や形状が変化しないもの。ただし、フィルムを切って貼る、消しゴムを使って摩耗変形する、などのように本来の機能を変えることなく形状が変化する場合は成形品に含まれます。また、本来の機能が変わるとしても商品の破損のような偶発的な変形は除きます。

具体例としては、板状・フィルム状・シート状に成型され、切断するだけで使用する化学物質の成形品。購入した樹脂を化学反応を伴わずに商品に仕立てた編み物・衣類などが該当します。

化学物質の審査及び製造等の規制に関する法律の運用について(平成30年3月30日)※

1 (4) ① 固有の商品形状を有するものであって、その使用中に組成や形状が変化しないもの(例:合成樹脂製什器・板・管・棒・フィルム)。ただし、当該商品がその使用中における本来の機能を損なわない範囲内での形状の変化(使用中の変形、機能を変更しない大きさの変更)、本来の機能を発揮するための形状の変化(例:消しゴムの摩耗)や、偶発的に商品としての機能がなくなるような変化(使用中の破損)については、組成や形状の変化として扱わない。

2 小分けされた混合物

ペンキや洗剤のように家庭などで直ちに使用できるように小分けされた状態の混合物は製品とみなします。たとえば、ドラム缶に入ったペンキは化学物質ですが、インクカートリッジに封入されプリンターにセットすれば直ちに使用できるインクは製品です。新規化学物質を1%以上含むインクについて、ドラム缶で輸入すれば化審法の新規化学物質対応をしなければなりませんが、インクカートリッジを輸入してそのまま販売すれば化審法の対応は不要になります。

化学物質の審査及び製造等の規制に関する法律の運用について（平成30年3月30日）※

1（4）② 必要な小分けがされた状態であり、表示等の最小限の変更により、店頭等で販売されうる形態になっている混合物（例：顔料入り合成樹脂塗料、家庭用洗剤）

※以下URLを参照。
https://www.meti.go.jp/policy/chemical_management/kasinhou/files/about/laws/laws_h30120351_0.pdf

KEYWORD

23 廃棄物

POINT **廃棄物は廃掃法によって規制されているので、化審法では対象外です。しかし、廃棄物であっても、廃掃法で管理されていない場合は化審法に従って申請や報告が必要であることを意味します。**

1 燃料と使用する化学物質の対応

化学物質を生産した際の廃棄物・副生物については、「**廃棄物の処理及び清掃に関する法律（廃掃法）**」に基づき廃棄処分される場合には化審法の対応は不要ですが、廃棄物を燃料などに使用する場合には化審法の対応が必要となります。燃料としての使用については、社外に販売する場合は当然ですが、社内で燃料として使用する場合も**化審法上は燃料を生産**したとされるため、対応が必要です。燃料として使用する廃棄物や副生物が新規化学物質の場合、化審法運用通知には当該副生成物を「新規化学物質として取り扱わない」とする規定が存在しないため、当該副生成物について、1%以上含まれる新規化学物質の届出を不要とする解釈はできないと考えられます。「自社で製造した燃料は二酸化炭素や窒素酸化物を製造するための自社内中間体である」という解釈は認められません。

また、焼却する自社施設がどのような届出を行っているか、たとえば燃料焼却炉としての届出なのか、廃油処分施設としての届出なのかなどによって対応が異なるので注意が必要です。廃棄物は、化審法よりも罰則の厳しい廃掃法が関係してくるため、配慮を欠いた対応は自社に甚大な損害を与える可能性がありますから注意してください。

燃料として使用する場合は「○○の蒸留残分」等の既存化学物質として処理するか、あるいは、燃料としての使用を断念して廃棄物処分することもやむを得ない場合もあります。経済産業省と相談したうえで対応することが推奨されます。

2 廃棄物対応の実務

Q 下記成分の廃棄物を工場で燃料として使用したいと考えています。この場合の化審法対応を教えてください。

廃棄物成分	**化学物質A**	**61%**
	化学物質B	**38%**
	化学物質C	**＜1%**
	化学物質D	**＜1%**

A それぞれの成分についてCHRIPならびにCHEMLISTで確認しました。

			化審法対応
化学物質A	61%	➡	既存
化学物質B	38%	➡	新規
化学物質C, D	各＜1%	➡	不要（1%未満）

この混合物を燃料として使用するためには、化学物質Bの化審法対応が必要です。ですが、廃棄物の数量が多いために1000万円を超える登録費用が必要となります。

しかし、この廃棄物について名称読み替えを検討したところ、下記のような当該混合物に該当する化審法既存物質がみつかりました。

化学物質E蒸留残分　化：〇-〇

この化審法番号で名称読み替えを行えば、化審法既存化学物質と判断できます。

Q 新規物質Aを経由してフィルムXを製造した場合、新規物質Aが化審法の対象物質となります。使用されたフィルムを回収してフィルム以外の目的で再使用する場合は（燃料等）、フィルムXは物質としての届出が必要となりますか？

A フィルムという形状が燃料として使用するにあたり必要であればアーティクルです。フィルムという形状が燃料として使用するにあたり要求されないのであれば化学物質に該当します。一般化学物質であれば数量等届出等、新規化学物質であれば化学物質としての届出が必要です。一般論としてフィルム形状が燃料として必須であることはないのではないかと思われます。

KEYWORD

24 有害性情報提供依頼対応

POINT 化学物質の有害性の解明に協力し、安全な化学物質を市場に提供することは、化学品メーカーの責務でもあります。三省から有害性情報の提供を求められた場合は、提供可能な範囲でデータの提出が必要です。

1 有害性情報の任意提供

三省は製造・輸入事業者に一般化学物質、優先評価化学物質の**有害性情報の提供**を求めることがあります。化学メーカーなどでは日本化学工業協会を通じて連絡が来ます。依頼なので対応は任意ですが、化審法では化学物質が環境中に放出された際のリスクを算出し規制を行うために、独自にデータを収集しリスク評価を行っています。該当化学物質の有害性が低いことを示せるデータを持っているにも係らず、協力せずにいると、有害性不明としてリスク評価対象物質の中に含まれてしまうなど状況が不利に進行します。そのままの状況が続くと優先評価化学物質に組み込まれて化審法対応の手間が増え、将来的には規制がかかる可能性があります。

安全であることを示すデータが手元にあれば積極的に対応して、自社の化学物質が不利な扱いを受けないよう努力する必要があります。提供するデータはSDS、委託試験データ、インハウスデータなどで、主に物化性状、長期毒性、生殖毒性に関するものです。詳細は都度、通達に記載されますが、工場を建設した際に実施した安全性試験データなども有効に活用されます。

2 有害性情報の報告義務

化審法の申請を行って国内販売した化学物質の販路が海外に広がる場合、日本国内では少量新規で有害性試験はエームス試験程度しか実施していない化学物質でも、それを海外に出すと経口急毒試験などが要求されて実施する場合があります。ここで難分解性や蓄積性などの有害性情報を得たとします。輸出先へはそのデータを使って申請を行うことになりますが、忘れてはならないのは、化審法において有害性情報の報告義務がある、ということです。

この報告手続きは自主的に判断を行い、実施しなければ、三省からの指示などはありませんので、海外申請に手を取られてうっかり忘れると気づかないうちに**報告期限の60日**が経過して、法令違反をしてしまうことになるので要注意です。

次の種類に該当する化学物質の製造・輸入を行った会社は、該当物質に関する新たな有害性情報を入手した場合は報告しなければならない義務があります。

- 優先評価化学物質、監視化学物質、第二種特化物、一般化学物質、少量新規化学物質、低生産量新規化学物質、低懸念高分子化合物、審査後公示前新規化学物質

報告しなければならない知見の種類は下記の通りです。GLP試験に限定しませんので、日常のあらゆる試験結果が報告対象となります。

- 試験法通知により行われた分解性、蓄積性などの試験結果
- 慢性毒性試験など
- OECDテストガイドラインに基づき行われた分解度試験
- 試験の目的がヒト若しくは環境への慢性毒性評価を行ったのと同等の場合

難分解性、高蓄積性、ヒトや動植物への毒性などの新たな知見を得た場合は、知見を入手した日から60日以内に三省へ報告しなければなりません。

第四十一条
優先評価化学物質、監視化学物質、第二種特定化学物質又は一般化学物質（以下「報告対象物質」という。）の製造又は輸入の事業を営む者は、その製造し、又は輸入した報告対象物質について、（中略）有害性の調査の項目に係る試験を行つた場合（中略）であつて、報告対象物質が次に掲げる性状を有することを示す知見として厚生労働省令、経済産業省令、環境省令で定めるものが得られたときは、（中略）その旨及び当該知見の内容を厚生労働大臣、経済産業大臣及び環境大臣に報告しなければならない。（後略）

KEYWORD 25 新規化学物質届出後の判定と官報公示

POINT 新規化学物質の製造や輸入を届出ると、三か月以内に三省より判定が行われ、通知書を受領することになります。判定は第１号から第６号まで分かれ、その結果によって化学物質の判定が明らかになります。

1 届出をすればすべて認められるわけではない

新規化学物質の登録を**届出**ると審議を経て、判定結果通知書が届きます。判定が第２号～第５号のいずれかであれば製造・輸入が可能となります。少量新規、低生産量新規についてはもともと環境排出で規制がかかっていますので、このような判定は行われません。

実際には**１号判定**が出そうな化学物質は申請用の試験を実施している途中で、データを見たラボから警告が出ますので、ほとんどの場合はそこで試験を中止して申請を断念します。難分解性や高蓄積性は研究開発段階でも、化審法を意識した試験を実施していれば気づくことができるはずです。にも係らず、化学物質の特性や高性能、市場規模に目を奪われて化審法試験を実施する段階まで研究開発を進めてしまい、そこで初めてその物質が日本国内では製造できない物質であることに気づくのは、なんとも無駄の多いことです。

2 特性と判定

判定は第１号から第６号までに分類され【表１】、第１号判定を受けた場合は、製造・輸入を行うことができません。

3 官報公示

化審法通常新規の届出（高分子フロースキーム含む）をした物質は**５年以内に名称が官報公示**されます【図16】。官報公示とはだれでもどのような物質が通常新規申請がなされ、完了したかを知ることができる、ということです。他国の類似法令にあるような**資料保護制度（名称等が公開され**

表１　新規化学物質届け出後の判定

判定	特性	判定後
第１号	難分解性かつ高蓄積性かつ人健康又は生態への影響のおそれあり	**製造・輸入不可**
第２号	難分解性かつ人健康影響の疑いあり（高蓄積でない）	製造・輸入可能
第３号	難分解性かつ生態影響のおそれあり（高蓄積でない）	製造・輸入可能
第４号	難分解性かつ人健康影響の疑いあり・生体影響のおそれあり（高蓄積でない）	製造・輸入可能
第５号	人健康影響・生態影響疑いなし又は良分解性	製造・輸入可能
第６号	いずれに相当するか不明	**追加の試験成績を提出し再判定**

ないよう秘匿する手続き）は化審法にはありません。従って、高額な費用を支払って試験を行って通常新規の届出を行っても、５年たてば公示され誰もが製造可能な状態になります。そのため、特許によってしっかりと権利を確保する必要があります。そのような理由から、官報公示は新たな化学品ビジネスの種探しにも使えます。

図16　官報公示の対象

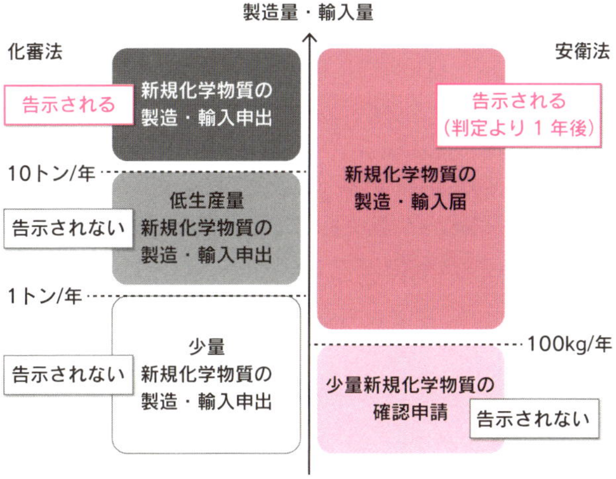

製造量・輸入量
化審法
安衛法
告示される
新規化学物質の製造・輸入申出
10トン/年
告示されない
低生産量 新規化学物質の製造・輸入申出
1トン/年
告示されない
少量 新規化学物質の製造・輸入申出
告示される（判定より１年後）
新規化学物質の製造・輸入届
100kg/年
少量新規化学物質の確認申請
告示されない

KEYWORD

26 同じ新規化学物質を複数社で届出る

POINT 申請当初より、委託生産等の事情で自社と委託先で同じ物質を届出るケースがあります。その場合に便利な３種類の届出方法が準備されていますので、自社のケースに最も合うものを選んで採用します。

1 同じ化学物質を複数社で届出ることができる

化審法では、同じ物質を国内製造・輸入するとしても、事業者が異なれば、それぞれの事業者で届出る必要があります。しかし、化審法において同じ新規化学物質を複数社で届出る場合には、それらの会社が協力できる関係にあるならば（たとえば、委託と受託の関係など）、より合理的に手続きを進める手順があります【図17】。

例１：A社で製造している物質がとても好評で生産が間に合わず、製造を外部委託する場合

例２：A社と他社で友好的に同時に生産を開始する場合

例３：製造がベンチャー企業などで化審法対応ができない場合

こういった場合に有効です。

2 パターン1：A社の通知書を他社と共有する

これは例１のケースで有効です。

A社が既に取得している化審法判定通知書のPDFを製造委託先に渡し、届出書類と審査用資料をA社の通知書とともに提出することにより、毒性試験を新たに実施する必要はなく、審査も省略され、届出企業に速やかにA社と同じ判定が通知されます。

3 パターン2：化審法の同時申請

これは主に例２、３のケースで有効です。少量新規以外の化審法の届出書類は複数の申請者を列挙することができるようになっています。ここに製造や輸入を同時に開始しようとする企業を記載することによって、１つ

の届出で複数社にそれぞれ通知書が届きます。

3 の場合、ぜひとも自社でビジネスをしたいのだけれど、開発・製造は小さな会社で化審法の費用負担に耐えられない、けれど自社がその費用を負担してでも上市したい。そんなときには、自社が製造する、しないに係らず毒性試験などを行いすべての資料や書類を整え、届出書類にそのベンチャー企業の名前を併記して届出を行い、ベンチャー企業を製造可能にすることができます。

図17　同じ化学物質を複数社で届出るパターン例

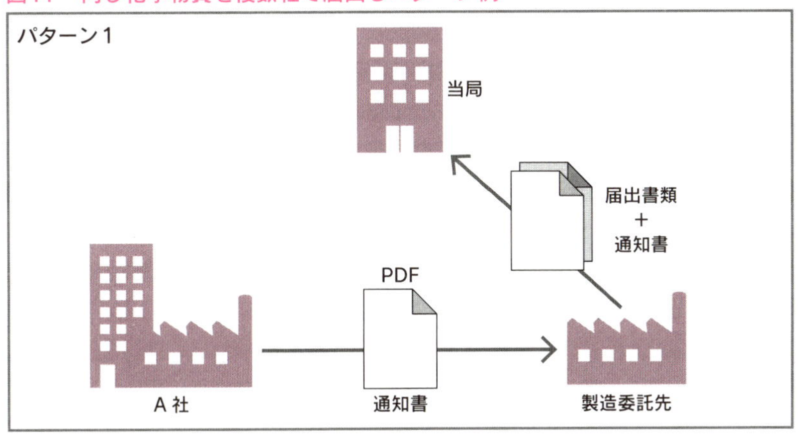

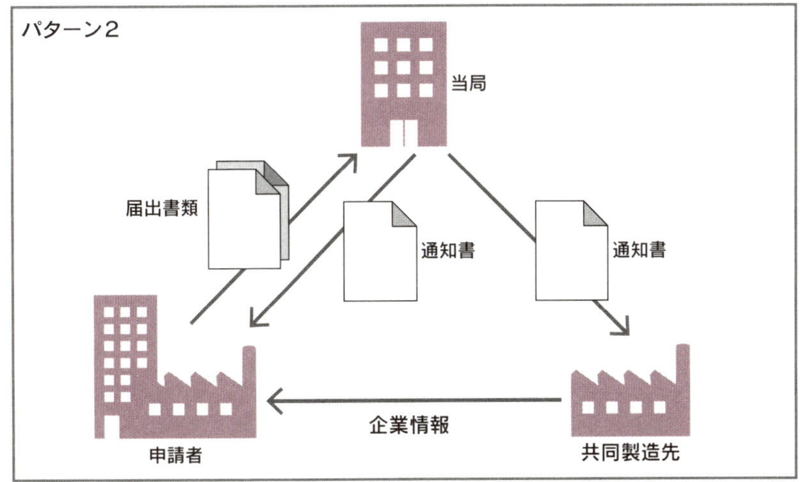

届出の考え方等法令全般に係るよくある質問

Q 新規化学物質Xを化審法通常申請し、判定通知を受領しました。申請の際、A県のB工場にて全量製造するという内容で新規化学物質製造届出書を記載し提出しましたが、予想以上に販売量が増えC県のD工場でも製造したいと考えています。書類の再提出は必要でしょうか？

A D工場でも製造することができます。判定通知は法人に対して行われていますので、書類の再提出も必要ありません。

Q 化審法届出番号の意味を教えてください。

A 化審法の新規化学物質の届出における処理番号は次のように区分されています。

YYMMD**→当該物質の審議会が行われる西暦の下二桁（YY)、月（MM)、届出の区分（D)、区分中の通し番号（**)

届出区分→0：通常申請、1：通常高分子、2：良分解、3：低生産量、4：低生産量高分子、5：低生産量届出済物質の継続

Q 化審法では製造者が届出を行わなければなりませんが、自社の設備を利用してグループ会社の社員が製造する場合には、誰が届出を行いますか？

A 契約内容や実質的な責任者が誰かによって判断します。事前に当局へ相談が必要ですが、あまりそういうややこしいことはしないでください。

Q 新規化学物質の製造・輸入等の届出について、届出種類として①製造のみ、②輸入のみ、③これら両方、との3つの選択がありますが、届出時には①製造のみとして申請したものの、急遽輸入も行うことになった場合は、どのような対応を取ればよいですか？

A 提出時には製造と輸入は区別されますが、実際に製造・輸入する際には両者を区別する必要はありません。数量は合算で管理します。ただし、事前に分かる場合は届出時に両方での申請としてください。

Q ある物質をこれまで、化審法審査対象外である普通肥料として粉末で販売していました。同物質の新たな用途が開発されたため、一般工業用途として同物質の水溶液を他社に販売することとなりました。販売先はその水溶液に他の物質を添加して製品として販売するようです。化審法上どのような対応が必要でしょうか？

A 一般化学品としての用途追加であり、その物質が新規化学物質であれば、肥料用途を除いた新たな用途における出荷量に対応した届出が必要です。つまり、製造数量全体から他法で管理される肥料分を除いた数量を、化審法分として管理してください。出荷形態が粉末から水溶液に変更になっても、水以外の成分が化審法において届出済み物質であれば、水溶液にしたことによる特別な対応は不要です。

Q 廃棄物の化審法対応はどのようになりますか？

A 廃掃法に基づいて適切に廃棄されていれば、化審法対応は不要です。

Q 同一物質を複数の委託先で委託製造する際の化審法の対応はどのようになりますか？

A 少量新規の場合、それぞれの委託先で申請を行ってください。

通常新規も委託先がそれぞれ届出を行わなければなりませんが、この場合は①同時申請、②事後申請の2通りの対応方法があります。

同時申請は試験データを共有して同時に届出を行う方法です。試験データなどの審査用資料は共有し、届出書のみ委託先ごとに作成して提出してもらってください。

事後申請はすでに取得した判定通知の写しを新たに届出る会社の届出書と届出会社情報を追加した審査用資料を提出する方法です。審査用資料を提出しますが、実際には審査は行われませんので、審査期間なしで判定を受けることが可能です。

Q 化審法既存化学物質に加熱し処理した場合も引き続き既存化学物質として認められますか？

A 熱処理された化学物質をもとの化学物質と同一物質として扱うか、別物質に変化したとして扱うのかの判断は非常に困難です。加熱の前後でまったく物質が変わらない場合は化審法の申請は不要です。極端な例では水などです。一方で、コールタールピッチなどは熱処理品（CAS No.121575-60-8）と非熱処理品（CAS No.65996-93-2）で別々のCAS番号が付与されており、判断が困難です。加熱処理が化学的にどのような変化をもたらすかを明らかにしたうえで、変化は一切起きない（1%未満）と証拠を示せない場合は、NITEに事前相談が必要です。

Q 化学反応ではなく、微生物を使った発酵で化学物質を得た場合は届出が必要ですか？

A 発酵生産も化審法の「化学物質の製造」に該当しますので、届出対象になります。ただし、発酵食品は食品安全基本法、食品衛生法の管理下にあるため化審法の対象外です。

Q 製品として出荷する機械の塗装や金属メッキでプラスチックやガラスの表面コーティングを行う際に化学反応が起きています。これは届出の対象になりますか？

A 「化学反応の及ぶところが局限されている場合（例：金属の表面処理、使用時に化学反応が起こる接着剤又は塗料）は、化学物質の製造には該当しない」と化審法の運用通知に明記されていますので、届出の対象外です。

Q 既存化学物質Xを製造する工程において、自社内中間物として新規化学物質Yを得て、それを全量既存化学物質Xに変化させています。その際、物質Yを精製するために、一旦物質YをB社へ販売し、B社が物質Yを精製し（化学反応を伴わない）、再度A社が精製された物質Yを買戻し、その全量を既存化学物質Xに変化させることにしました。この場合、物質Yは新規化学物質の届出を行う必要があるのでしょうか？

A 申請の必要があります。中間体Yを販売しているために、所有権が精製会社へ移っています。この場合は、化審法に基づく手続きが必要です。

第二章

年間1トン以下、少量新規化学物質の申出

さぁ、次はいよいよ年間数量ごとにどのような法令対応が必要かを紹介します。化審法では新規化学物質について年間1トン以下、年間10トン以下、年間10トン超の三段階に分けて申請方法が異なっています。1トン以下は少量新規、10トン以下は低生産量新規、10トン超は通常新規といいます。この章では、少量新規について扱います。

KEYWORD

27 化審法2019年改正の概要

POINT 化審法2019年改正で、年間1トン以下の新規化学物質が該当する少量新規の制度は大きく変わりました。従来、製造・輸入数量ベースだった数量制限が、排出量による数量規制方式に変更されたのです。

1 2019年改正における見直しの概要

少量新規は2019年改正化審法で申出が大きく改訂されました。これまでは1社1トンまで、全国でも1トンまでだったため、複数社が同一物質の申出を行った結果、製造したい数量の確認が受けられずビジネスチャンスを逃すケースが多発していました。そこで、日本化学工業協会が中心となって働きかけが行われ、環境中に放出されないもの（たとえば、半導体材料など）であれば、より多くの数量の製造が行われても化審法の趣旨には反しないはず、との考え方から、製造量で規制するのではなく、**環境中への放出量で規制**する仕組みに改められたのです。主な変更点は次の通りです。なお、製造・輸入者ごとの申出数量は、これまでどおり1トンを上限とされており、今回の改正で1トンを超えて少量新規で製造・輸入が可能になったのではない点は誤解しやすいので要注意です。

2 申出は1物質1用途ごとに分割

申出は1物質1用途ごとに行うことになりましたので、同一物質でも複数の用途がある場合は用途ごとの申請が必要となりました。ただし、複数の用途を1つの申出にまとめることも可能ですが（6用途まで）、その場合は最大の排出係数がすべての用途に適用されますので、競合会社の多い物質の場合は用途をまとめると不利になります。この変更を受け、申出様式が変更され、さらに、**用途証明書類の添付が原則必要**になりましたので、顧客との事前調整で入手が必要です。用途証明書類を添付せずに申請もできますが、その場合は排出係数は1が適用され数量確認上不利となります。また、その場合は1回の申請で100kgまでしか申請できません。100kg

の申出を複数回に分けて行うことによって、年間では国内環境排出数量の合計が1トンに達するまで確認を受けることが可能です。ただし、早い段階で他社に申請され、年間数量枠がなくなった場合には、そこでその年度の確認は終了となります。年度の最終回の確認に限り100kgの上限がありません。

また、申出物質の構造情報を電子媒体で提出することになり、これまで使用されていた電算コードの構造コードは廃止となり、資料の作成が容易になりました。

3 電子申請の推進

これまでも少量新規は**e-Govを使った電子申請**が可能でしたが、今後さらに申出の電子化が推進されることになり、書面申出はこれまで通りの年4回の申出チャンスですが、電子申出のみ年10回受け付けられることとなりましたので、より、製造スケジュールの変更に柔軟に対応できるようになりました。

4 改正後の申出実務

個社年間製造・輸入数量1トン以下、全国環境排出数量1トン以下の場合、安全性試験は必要なく、書類による申出で当局から数量確認されれば製造・輸入が可能となります。申出は製造者、輸入者が行い、確認通知を受けた申出者が製造・輸入できます。資本系列のある親会社・子会社の関係、グループ内企業の関係、OEMでの製造委託や、商社による代理輸入であっても、申出は実際の製造者・輸入者がしなければなりません。

少量新規の制度は2018年度までは「個社1トンまで、全国でも1トンまで」となっていましたが、2019年改正で「排出係数」の概念が取り入れられ、「**環境排出数量**」が年間数量の積算対象となりました。「環境排出数量」とは、製造・輸入数量に用途別の排出係数を乗じた数量のことをいいます。つまり、1社年間1トンの上限は変わらないものの、環境中に放出されない化学物質であれば、日本全国では1トンを超え、環境排出数量1トンまで製造できることになります【表2】。たとえば、排出係数が0.1の化学物質であれば1÷0.1＝10トン、全国で生産が可能となります。

表2　少量新規の制度改正概要

	2018年12月受付までの旧制度		→	2019年1月からの新制度	
	個社上限値	全国上限値	2019年改正	個社上限値	全国上限値
少量新規	製造・輸入 1トン	**製造・輸入** 1トン		製造・輸入 1トン	**環境中排出** 1トン

具体的な排出係数は経産省のWebサイトで公表されています。排出係数は変更される可能性がありますので、毎年必ず最新の係数を参照してください。

5 排出係数の例

エアゾール用溶剤・芳香剤・消臭剤・家庭用水系洗浄剤・ワックス	1
塗料用溶剤・船底塗料用防汚材・	0.9
建設資材	0.3
インキ・紙製造用薬品・ファインセラミクス・研磨剤・表面処理剤	0.1
プラスチック・ガラス・セメント・電池材料	0.03
化学プロセス調節材・火薬・固形燃料	0.02
着色剤・塗料	0.01
中間物・燃料	0.004
輸出用	0.001

全国の数量は個社の用途ごとの環境排出数量を合計したうえで、1トンを超えた場合は調整が行われます。調整は三省の判断で行われ、個社の事情は考慮されません。

全国数量＝A社の数量×A社の係数＋B社の数量×B社の係数＋……、となります。もし全国環境排出数量が1トン以下であれば、全社が希望通りの製造を行えますが、1トンを超えた場合は希望通りの製造ができないケースが出てきます。

6 数量調整ルールの明確化

1つの新規化学物質について、複数社からの申出があり、その結果、環境排出数量の合計が、全国数量上限1トンを超えてしまった場合は当局によって数量調整が行われ、全国数量上限(＝1トン)の範囲内で数量を申請者に配分して確認されます【図18】。この時にいくつかのルールがあります。

1. 用途証明書類の添付があった場合は、添付なしよりも優先的に配分される。
2. 前年度の製造・輸入実績がある場合には、実績なしよりも優先的に配分される。
3. 前年度の製造・輸入確認数量の実績数量との差が小さい場合には、その差が大きい場合よりも優先的に配分される。

これまで、他社のビジネスを妨害するためや、他社の動向を探るための少量新規の申請が行われていた実態がありましたが、それらを排除する数量調整の方法が導入されたことになります。

図18　数量調整の流れ

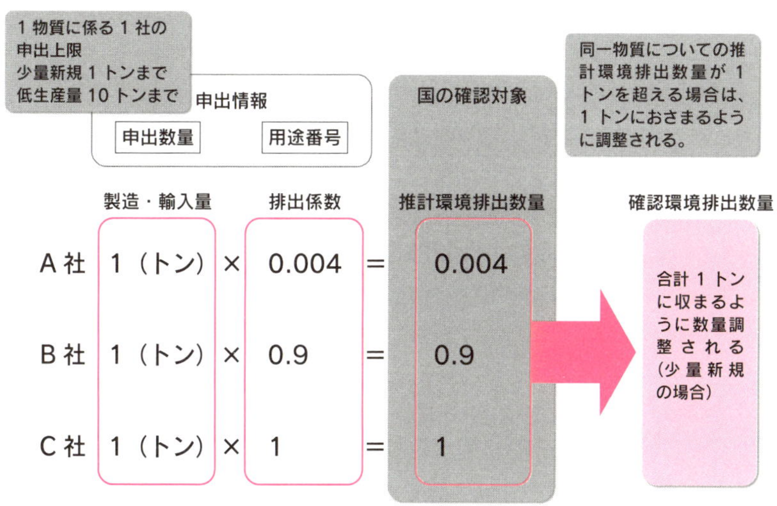

KEYWORD

28 少量新規化学物質申出のタイミング

POINT **化審法少量新規には３種類の申出方法が準備されていますが、業務の効率化や、製造現場の利便性を考えると、年間10回の申出チャンスがある電子申出を実施するべきでしょう。**

1 選べる３種類の申出方法

化審法少量新規には①電子申出（**e-Govオンライン申出**）、②光ディスク申出（光ディスクを郵送）、③書面申出（書面を当局窓口に持参）の３種類があり、申出可能月、回数に違いがあります。

申出方法	申出月	申出可能回数
電子申出	1、4～12月	10回
光ディスク（CD-R）申出	1、6、9、12月	4回
書面申出	1、6、9、12月	4回

2 e-Gov電子申請システムとは

化審法の電子申請にはe-Gov（イーガブ）電子申請システムを使用します。e-Govは各府省が所管する様々な行政手続について申請・届出を行うことができるWebシステムです。化審法ではe-Gov届出で使用する電子データを作成するソフトウエアを経産省が無料配布しており、そこにデータを入力してe-Govにアップロードすることによって、郵送や持参の手間を省いて申請が可能です。申請後はWeb上で受理状況の進捗なども確認できます。CD-Rによる郵送や書面での申請もほとんどの化審法手続きで受け付けられますが、基本的にはe-Gov使用を前提として申請準備を行うようにしましょう。以前は電子印が必要で今どきは珍しいフロッピーディスクドライブが要求されていましたが、2019年改正からIDとパスワードで申請ができるようになりました。本書でも届出実務はe-Govを前提に記載します。今まで「書面を担当者に作らせたほうがてっとりばやいから」などの理由で紙ベースで業務を行っていた人も、本書を手に取ったことをきっかけに電子申請に改めてみてはいかがでしょうか。

■e-Gov電子申請システムでの数量確認イメージ

申出パターン	製造開始可能月（この月の１日から年度末まで製造できる数量）数量調整を受けなかった場合											
	4月	5月	6月	7月	8月	9月	10月	11月	12月	1月	2月	3月
①　前年度１月に100kg	100kg											
②　４月と５月に100kgずつ		100kg	100kg									
③　前年度１月に１トン	100kg	100kg	100kg	100kg	100kg	100kg	100kg	100kg	100kg	100kg		
④　９月以降に450kg						100kg	100kg	100kg	100kg	50kg		
⑤　10月以降に500kg							100kg	100kg	100kg	200kg		
⑥　当該年度１月に800kg										800kg		

各月に確認された数量はその月だけではなく、当該年度末まで有効。つまり、４月に100kgの確認を受け、この通知書に基づいて12月に50kg、翌年１月に50kgという製造・輸入も可能です。

KEYWORD

29 少量新規化学物質の申出手順

POINT 2019年改正によって、電子化がより推進されることになった少量新規化学物質申出では、これまで多くの場合、経験者の手作業で行われていた電算コードによる構造式情報の入力が廃止されました。

1 構造式はMOLファイル形式で申出

必要事項を記載した申出書面と構造式の電子データを用意して経産省に申出ます。有害性試験は不要ですので、書類が完成すれば直ちに申出が可能です。この時、物性や溶解性情報が求められます。自社データでも構いませんので、情報がある場合は記載するようにしてください。申出時に用途証明書類が要求されます。これは顧客の協力を得て準備しなければなりませんので、場合によっては顧客に化審法の制度を説明する必要も生じるかもしれません。用途証明書類は低生産量新規とも共通しますので、別項で述べます。排出係数の選択は申出者が行いますが、用途証明書類がその根拠となります。

構造式はMOLファイルで添付します。MOLファイルの作成フローを【図19】に示します。化審法で使用できるソフトウエアは次の４つに限ります。それ以外のソフトウエアで作成したMOLファイルは申出に使用できません。

・ChemDraw
・Marvin JS
・BIOVIA Draw
・NITE MOLファイル作成システム
（https://www.nite.go.jp/chem/kasinn/syouryou/mol/）

2 少量新規申出フロー

少量新規の申出は【図20】の通りのフローとなります。

図19　MOLファイル作成フロー

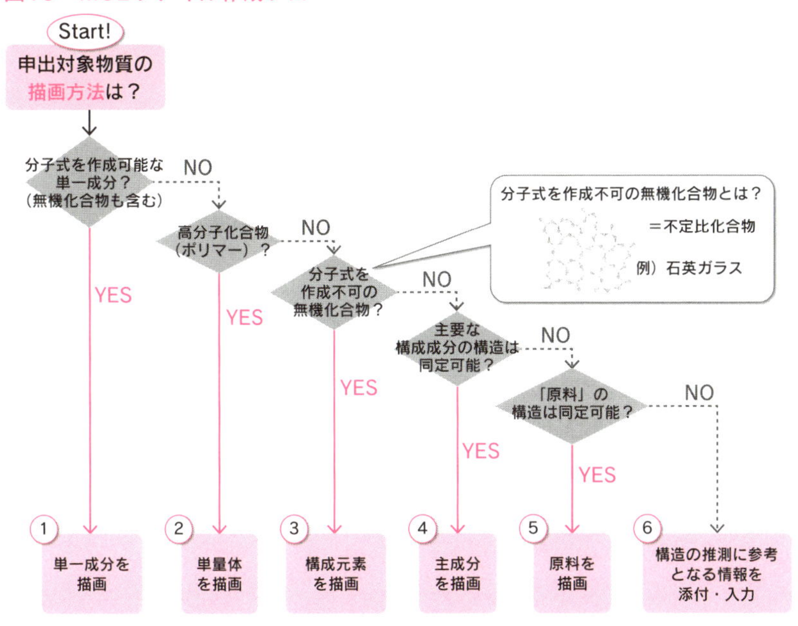

図20　少量新規申出フロー

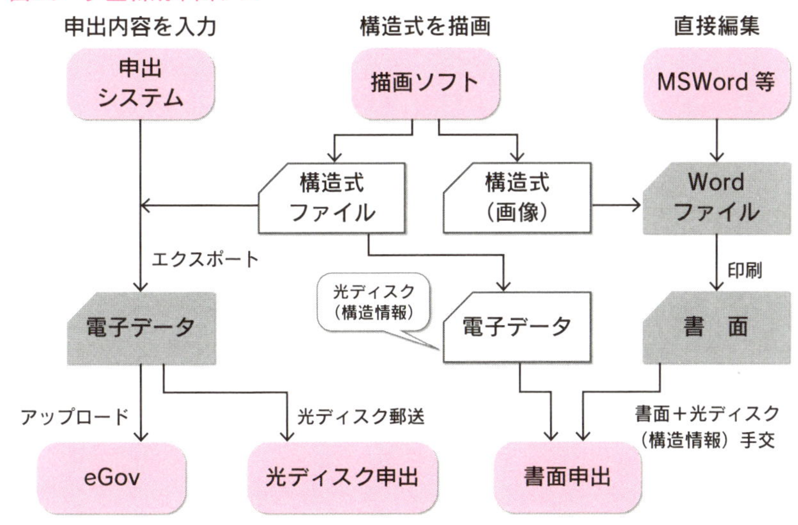

3 光ディスクで申出を行う場合

光ディスクで申出る場合のフローは【図21】の通りです。

光ディスクの中には、次のファイルを格納します。

・申出物質の名称一覧表

・構造式MOLファイル

そのほかに、切手を貼付した返信用封筒が必要です。

4 書面で申出を行う場合

書面で申出る場合のフローは【図22】の通りです。

提出すべき書面は次の４種類です。

・申出書（正本３部）

・申出書（コピー１部）

・用途証明書（コピー３部）

・申出物質の名称一覧（コピー３部）

そのほかに切手を貼付した返信用封筒が必要です。

5 e-Govで電子申請を行う場合

e-Govで申出る場合のフローは次の通りです。

すべてのファイルを化審法少量新規申出システムに格納して申請します。ただし、e-Govで扱える申出ファイルは100MBまでなので、100MBを超える場合はファイルを分割し、複数回に分けてe-Gov申請してください。なお、電子署名は2019年改正で不要となりました。

図21　光ディスクで申出る場合の詳細

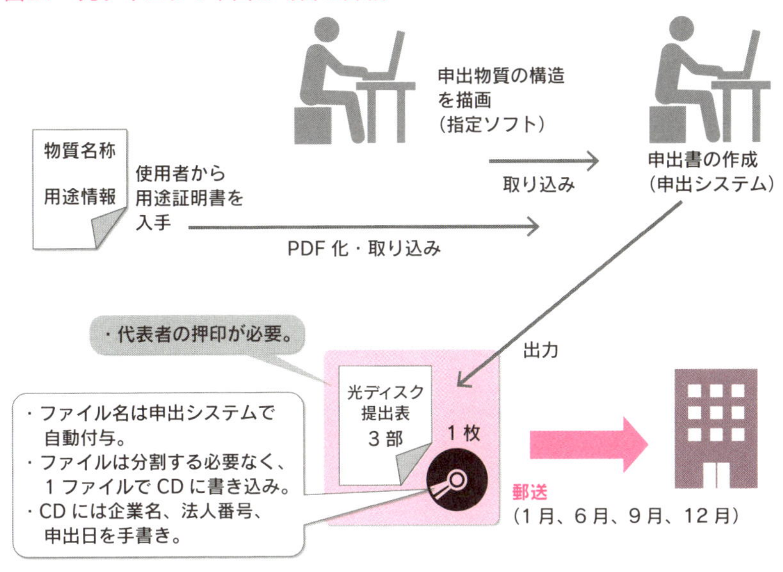

図22　書面で申出る場合の詳細

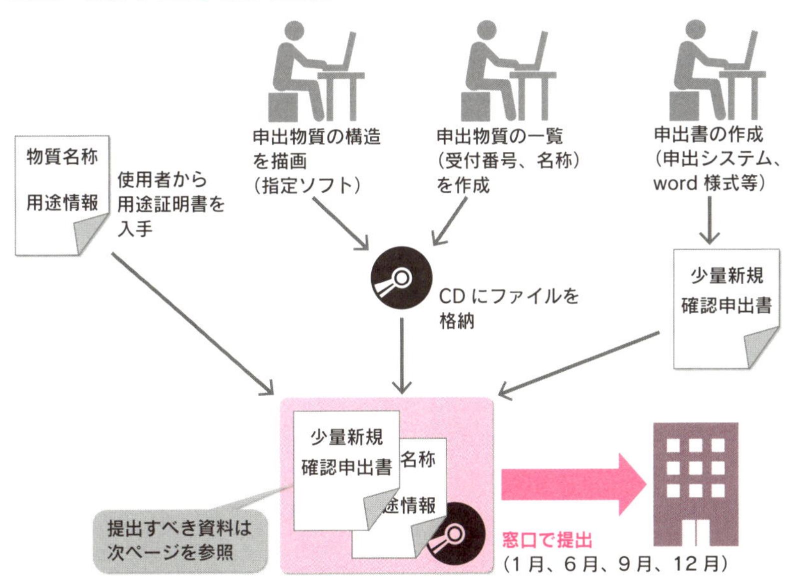

KEYWORD 30

少量新規申出データ作成上の注意事項

POINT 少量新規の申出データは記載内容が多岐にわたり、規制も厳密に定められていますので、そこから逸脱しないよう、適切である必要があります。注意事項をまとめます。

1 様式第9（第6条第1項第1号関係）の記載方法

少量新規化学物質製造・輸入申出書

事業場の名称	製造の場合のみ記入
所在地	製造の場合のみ記入
新規化学物質の名称	少量新規で申出する物質の名称はIUPAC名、商品名、グレード名、開発コード、通称など名称はどのようなものでもかまいません。重付加物、重縮合物などの名称は「○○、○○、○○の重付加物」「○○、○○、○○の重縮合物」のように「の」で接続してください。
新規化学物質の構造式又は示性式（いずれも不明の場合は、その製法の概略）	紙申請場合は描画ソフトで描画した化学構造をワードファイルの申出書にコピーペーストします。そのうえでMOL形式によるファイルを電子データ（CD-R）で提出してください。製造方法の概略で申出する場合は製造方法などの情報を添付します。 MOLファイルの作成は次のソフトウエアのうちのいずれかを使用しなければなりません ・ChemDraw ・Marvin JS ・BIOVIA Draw ・NITE MOLファイル作成システム
新規化学物質の物理化学的性状	例：淡黄色結晶 例：水に不溶、メタノールに溶解（1g/L） ※ラボデータで構いませんので情報をできるだけ記入してください。

成分組成	合計が必ず100%になるように記載してください 例：99%以上（不明不純物1%未満） 例：当該新規化学物質80～90%、化審法公示物質〇〇（化審法番号〇〇）10～20%
確認を受けようとする年度	例：20〇〇年度
製造予定数量又は輸入予定数量	例：1000kg 用途ごとに申出書を作成しますので、年間数量も当該用途の数量を記載してください。複数の用途を申出る場合にはそれらの合計値（環境排出数量、製造数量ともに）が1トンを超えないように注意してください。
新規化学物質の用途番号	用途番号で記載してください。用途番号表は経産省のWebサイトにあります。 http://www.meti.go.jp/policy/chemical_management/kasinhou/files/about/laws/laws_h300914413_1.pdf
新規化学物質を輸入しようとする場合にあっては、当該新規化学物質が製造される国名又は地域名	輸入の場合のみ記入、詳細な製造所の住所は不要です。「米国」「中国」などのように記入してください。
参考事項	過去の実績（確認数量、実績数量）はここに記入します。特記事項も自由に記入できます（特記事項は別ファイルで添付も可能です）。用途証明書に申出と紐づけが可能な物質名称が記載されていない場合は、ここに記載して用途証明書と申出書の対応がとれるようにしてください。たとえば「商品名：〇〇」 用途証明書を添付しない場合はその理由を忘れずに記載してください。

※当該届出に係る担当部署、担当者氏名、連絡先電話番号を末尾に記載しますが、経産省から連絡があった際に内容に的確に答えられる人（社長等ではなく実務者）を記載します。

2 電算処理コード

① 高分子化合物の記載	高分子を少量新規で申出る場合は「1」。化審法高分子の定義については本書第六章を参照。
② 主成分を記載	申出物質が多成分であり、主成分の構造式を記載した場合は「1」。たとえば、構造が複雑なセラミックスや高度に加工した高分子など。
③ 原料の記載	申出物質の構造式を原料で記載した場合は「1」。 例：物質名称が「AAとBBの反応生成物」「CCとDDの反応生成物の蒸留残差」などと記載されている場合。
④ 用途番号	用途番号は6つ同時に記載できる書式になっていますが、原則は1申出書に1つだけ記入し、用途番号が異なれば申請を分けます。
⑤ 申出数量	申出書との齟齬がないように用途ごとの数量を記載してください。
⑥ 過去の確認物質	過去に確認を受けたことがある物質である場合は「1」、初めての場合は「2」を記入します。申出た結果、確認数量がゼロだった場合も「1」になります。
⑦ 前年度の確認数量	同一物質かつ同一用途に係る数量を記載します。用途が複数ある場合にはその中の最大排出係数で計算してください。
⑧ 前年度の実績数量	三省による立ち入り検査で製造記録との照合が行われることもありますので、製造部門の記録と齟齬がないように注意してください。
⑨ 前年度の確認環境排出数量	同一物質かつ同一用途に係る数量を記載します。用途が複数ある場合にはその中の最大排出係数で計算してください。
⑩ 前年度の実績環境排出数量	同一物質かつ同一用途に係る数量を記載します。用途が複数ある場合にはその中の最大排出係数で計算してください。
⑪ 前年度又は直近の確認を受けた年度の受付コード	法人番号＋西暦年度下２桁＋申出番号
⑫ 確認を受けようとする年度の受付コード	申出番号は各社ごとに連番としてください。 例：0001、0002、0003……

3 化審法少量新規申出システムを使用する場合の入力方法

1と重複する項目は除いていますので、1も参照してください。

社内番号	申出者においてデータベースが構築され、化学物質の固有番号などで管理されている場合はそのような記号を自由に入力できます。申請には反映されません。
用途追加申出	当該年度においてすでに申出をしている物質について、個社申出上限に達している、環境排出上限より不確認を受けているといった状況で、新規用途を追加する必要が生じた場合に、本欄にチェックを入れ、用途追加の申出を行うことができます。この場合「確認通知書の取り消し願い」を別途郵送しなければなりません。 例：塗料用溶剤（環境排出係数＝0.9）として1トンの申出を行い確認を受けたが、ビジネス上の都合で製造をしないことになった。電子材料（環境排出係数＝0.01）で別ビジネスに向けて物質を製造したいがすでに個社上限に達しているのを何とかしたい場合など。
成分組成	必ず合計が100%になるように入力してください。
申出数量	製造・輸入数量を入力してください。環境排出量ではありません。

・分子式……高分子など繰り返し構造を含むものは、それぞれのモノマーの数をすべて1個として各元素の数を数えて合計してください。モノマーごとに分けて記載せず合計してください。

・構造式……構造式が不明のものは、推定構造式、あるいは製法の概略を記載してください。塩酸塩等の場合は図中の開いている場所に塩を書き込んでください。塩を示す「＋」「－」も元素に記載してください。

・不純物……不純物がわかっている場合は情報を記載してください。なお、**1%以上**含まれる不純物が新規化学物質の場合は、①混合物として申出る、②別途新規化学物質として申出る、③精製方法などを改善して1%未満に含量を下げる、以上いずれかの対応が必要です。
純度の書き方は次ページのような書式でお願いします。

例1）純度100%の場合

純度：99%以上

不純物：不明不純物1%未満

例2）痕跡程度の同定していない不純物が多数ある場合

純度：95%以上

不純物：不明不純物各1%未満

例3）化審法番号のある不純物を含む場合

純度：98%以上

不純物：キシレン（化）3-3 2%未満

例4）同定された新規化学物質を不純物として含む場合

純度：95%以上

不純物：○○○（新規化学物質）1%未満

不明不純物各1%未満

例5）1%以上の新規化学物質が含まれていて同時申出する場合

純度：96%以上

不純物：○○○（化審法少量新規同時申出）4%未満

・物理化学的性状……少量新規に該当する物質は物理化学的性状がわからないものも多いと思いますので、申出時点でわかっている範囲で記載してください。新規に試験を行う必要はありません。

分子量の書き方は下記の基準でお願いします。

・小数点以下は切り捨て

・3桁ごとに半角カンマを入れてください

・漢数字は使わないでください（誤：分子量3万　正：分子量30,000）

・範囲がある場合は全角「～」でつないでください（例：5,000～20,000）

・中間物か否か……中間物とは、自社で製造された少量新規化学物質が販売先で化学合成の原料として使用され消失する物質のことです。

・製造場所……社内複数の事業所（東京工場と、大阪工場など）で製造する場合は、すべて記入してください。製造場所が未定の場合は推定で記入してください（数量確認受領後に製造事業所が確定しても追加報告は不要です）。

・製造・輸入予定数量(kg)……製造と輸入は総量として管理されますので、厳密に製造量と輸入量を区別する必要はありません。ただし、総量は生産計画を考慮して適切に記入してください。継続届出の場合は昨年度の実績数量を必ず記載してください。

Q&A 化審法少量新規のよくある質問

Q 少量新規届出物質で確認数量は500キログラムでしたが、収率が予想外によく550キログラムできてしまいました。違法行為でしょうか？

A 確認数量以上に化学物質ができてしまった場合は、過剰分を廃棄してください。廃棄物として分離、使用されることなく処理される場合、製造行為を行ったとはみなされません。なお、化学物質の廃棄については別途廃掃法、安衛法など関係する法令がありますので、こちらの法令も遵守して廃棄してください。倉庫に積んで翌年度の数量に入れ込むことは違法行為です。

Q 新規化学物質の確認を受けているAを製造しようとしたのですが、Bができてしまいました。Bは新規化学物質で確認を受けていない物質です。これは違法行為になるのでしょうか？

A 上記質問と同様に全量廃棄すれば問題ありません。

Q 改正された少量新規については、2019年度より規制量が製造量基準→環境排出基準となり、その係数は用途毎（顧客より用途確認書受領要）に定められるということですが、係数が0.1であれば少量新規で年間10トンの製造が可能になるのでしょうか？

A 各社が少量新規化学物質申出で製造輸入できる数量の上限は排出係数に係らず年1トンです。今回の改正は各社が年1トンまで確実に製造輸入できることをめざしていますが、1トン以上は認めていません。より多くの会社が年1トン製造輸入できるようにすることが目的です。

Q 用途の分類でどれにも該当しない場合はどうなりますか？

A 事前に経産省に確認が必要ですが、考え方として、環境排出係数一覧表に記載された用途分類に該当しないことが明確である場合は、将来排出係数が設定されるまでの間、排出係数＝1、つまり全量排出する用途のものとして取り扱われます。この時、特例として1回あたりの確認数量の上限はありません（通常は排出係数＝1なら1回の申請で確認される量は100kgまで）。

Q 本年度２回目の受付に少量新規化学物質を申出ます。この物質は昨年度は申出をしたのですが、今年度は１回目に申出ていません。この場合は「継続」でしょうか、「新規」でしょうか？

A 前年度に申出をした物質は「継続」となります。また、前年度に申出をせず、過去に申出をしている物質も「継続」となります。

Q 構造が決定できない高分子のため、モノマーの比率は計算値になっています。その結果、添え字が小数になるのですがよいですか？

A 添え字が理論値になる場合は小数点以下がある数字そのままでかまいません。計算上で整数化してもかまいません。

Q 実績について、少量新規枠を超える数値となっています。これは、低生産量の枠があるため、少量新規＋低生産量分で実績を記載したためです。問題ないでしょうか？

A 申出・届出ごとに製造数量管理をしてください。少量新規と低生産量新規は、同じ物質について併用できますが、台帳やシステム上で何kgをどちらの法規制に基づいて製造したのかを明確にし、合算しないでください。

Q 少量新規化学物質の申出で得られた確認数量を他社に譲渡することは可能でしょうか？

A 他社に譲渡することはできません。自社の製造委託先やグループ会社にも譲渡できません。

Q 少量新規で提出した依頼書のCAS番号が誤っていることに確認を受領した後に気づきました。確認は無効でしょうか？

A 化審法は名称で物質を確認しますので、CAS番号誤りは確認結果には影響を与えませんが、間違いのないように注意してください。

Q 化審法少量新規で製造した化学物質を販売することは認められているのでしょうか？

A もちろん販売できます。

Q 化審法少量新規で、製造予定数量1000kgで申出を行いましたが、確認数量は100kgでした。この場合残りの900kgは他社９社で按分でしょうか、それとも他社１社が確認数量900kgとなる場合もあるのでしょうか？　複数社に割り当てられる場合、各社の割り当ては前年度の実績が加味されて差がつけられることはあるのでしょうか？

A 数量調整の詳細は知ることはできません。経産省に問い合わせることもできません。2019年度改正より前年度の実績が加味されることになりました。

Q 申出したい新規化学物質の中に、ある有機化合物の金属塩が2%含まれています。当該有機化合物自体及び別金属の塩はそれぞれ既存化学物質ですが、自社の有機化合物金属塩について新規物質の届出が必要ですか？

A 「有機化合物の付加塩（金属塩を除く）であってその塩を構成する酸及び塩基がすべて既存化学物質等である場合は、当該塩は新規化学物質としては取り扱わないものとする」と定められていますので、金属塩ごとの届出が必要となり、当該有機化合物金属塩を届出る必要があります。

Q 申出したい新規化学物質の中に新規化学物質の原料が2%残っています。この原料は新規化学物質として届出る必要がありますか？

A 化審法では、製造・輸入を規制しますので、原料が購入品であれば化審法対応は不要です。原料が自社製（自社内中間体として製造）であれば届出が必要です。

Q 少量新規の申出をして確認を得ましたが、ビジネスが急拡大して急遽10トン生産することになりました。どう届出ればよいでしょうか？

A 少量新規個社年間１トン上限の枠は改正されていません。生産の前に低生産量新規（10トン以下）の申出をしてください。

第三章

年間10トン以下、低生産量新規化学物質

この章では、年間1トンを超えて10トン以下まで製造・輸入する新規化学物質の取り扱いを紹介します。1トンを超えて製造する場合には、その化学物質が環境中では分解し、蓄積性がないことを示す必要があります。これは人や生態系へ影響を与える可能性がある化学物質が製造・輸入されることを回避するための制度です。

KEYWORD 31

低生産量新規化学物質申出概略

POINT **新規化学物質の年間製造・輸入数量が1トンを超えて10トン以下の場合は、低生産量新規化学物質申出制度を利用できます。必要な試験は分解性試験と蓄積性試験です。**

1 低生産量新規の概要

個社年間製造・輸入数量10トン以下、全国環境排出数量10トン以下の場合、新規化学物質で年間1トンを超え、年間10トンまでは低生産量の特例申出で製造・輸入ができます。この数量は日本全国で製造される各社の1年間の環境排出数量合算です。少量新規との大きな相違点は、低生産量新規では申出時に「**環境中で速やかに分解し、生物の体内に蓄積しにくい**」ことを示すデータが必要である点です。そのため、申出には「分解性」「濃縮度試験」のデータが必要です。試験の大まかな考え方としては、分解性は汚泥の中に定められた方法で申出化学物質を添加し、ほぼ完全に分解されることを確認します。濃縮度試験は1-オクタノール／水分配係数測定試験を実施し、LogPowが3.5以上の場合魚を飼育した水槽に申出化学物質を添加し、魚の体内に蓄積する物質濃度の測定を行います。

2 化審法2019年改正　低生産量新規のポイント

低生産量新規も少量新規とともに2019年改正化審法で申出が大きく改訂されました。これまでは1社10トンまで、全国でも10トンまでだったため、複数社が同一物質の申出を行った結果、製造したい数量の確認が受けられずビジネスチャンスを逃すケースが多発していました。さらに少量新規とは異なり、低生産量新規は場合によっては1000万円近い試験費用を要するため、費用負担をして試験を実施してもその年度は製造ができないケースも発生し、問題点の多い制度設計となっていました。そこで、少量新規同様に環境排出係数の考え方が導入され(**係数も少量新規と共通**)、環境中に放出されないものであれば、全国レベルではより多くの数量の製造を行うことができるようになりました。ただし、個社の上限が10トンである点には変更はありません。

3 申出は1物質1用途ごとに変更

申出は1物質1用途ごとに行うことになりましたので、同一物質でも複数の用途がある場合は、用途ごとの申請が必要となりました。ただし、複数の用途を1つの申出にまとめることも可能ですが（6用途まで）、その場合は最大の排出係数がすべての用途に適用されますので、数量上は不利になります。この変更を受け下記4項目につき変更がありました。

i. 申出様式が変更になりました。

ii. 用途証明書類の添付が原則必要になりました（制度は少量新規と同一）。用途証明書類を添付せずに申請もできますが、その場合は排出係数は1が適用され数量確認上不利となります。

iii. これまでの書面による申出のほか、電子申出（e-Gov）による申出も可能となりました。

iv. 前年度以前に低生産量新規化学物質の判定を受けている物質の次年度以降の数量確認について、年間13回の確認申出チャンスが用意されています。旧制度では製造年度の前年度3月1回のみでした。同一物質を複数の用途、複数の商流で製造している場合は、よりきめ細かな申出が可能となりました。

KEYWORD

32 低生産量新規化学物質申出のタイミング

POINT **低生産量新規化学物質申出制度も少量新規化学物質と同様、環境排出量換算で1社10トンまでとなりました。全国での製造可能数量を増やすための改正で、1社あたりの確認上限に変更はありません。**

1 低生産量新規の数量の考え方

低生産量新規の制度は、2018年度までは「個社10トンまで、全国でも10トンまで」となっていましたが、2019年改正で「排出係数」の概念が取り入れられ、「**環境排出数量**」が年間数量の積算対象となりました。「環境排出数量」とは製造・輸入数量に用途別の排出係数を乗じた数量のことをいいます。つまり、1社年間10トンの上限は変わらないものの、環境中に放出されない化学物質であれば、日本全国では10トンを超え、環境排出数量10トンまで製造できることになります（下表）。たとえば、排出係数が0.1の化学物質であれば10÷0.1＝100トン、全国で生産が可能となります。

	2018年12月受付までの旧制度		→ 2019年改正	2019年1月からの新制度	
	個社上限値	全国上限値		個社上限値	全国上限値
低生産量新規	製造・輸入10トン	**製造・輸入**10トン		製造・輸入10トン	**環境中排出**10トン

最新の排出係数は経産省のWebサイトで公表されています。排出係数は少量新規と共通です（66ページ）。
http://www.meti.go.jp/policy/chemical_management/kasinhou/files/about/laws/laws_h300914413_1.pdf

全国の数量は個社の用途ごとの環境排出数量を合計したうえで、10トンを超えた場合は調整が行われます。調整は三省の判断で行われ、個社の事情は考慮されません。

書面（電子データ）作成方法については少量新規に準じますので、第二章を参照してください。ただし、低生産量新規の申出では電子データによる構造情報の提出は不要です。また、旧制度で行われていた電算コードにおける構造情報の入力も不要です。申出期間は下記の表の通りです。

<table>
<tr><th rowspan="2">申出方法</th><th colspan="3">申出期間</th><th rowspan="2">受付方法</th></tr>
<tr><th>年度初回</th><th>第２回以降</th><th>受付回数</th></tr>
<tr><td>電子申出</td><td rowspan="3">前年度３月</td><td rowspan="3">４月～３月</td><td rowspan="3">13回</td><td>e-Gov</td></tr>
<tr><td>光ディスク申出</td><td>郵送</td></tr>
<tr><td>書面申出</td><td>郵送</td></tr>
</table>

2 低生産量新規の判定と数量調整

低生産量新規は提出した試験結果を三省が審査し、低生産量新規に該当するかどうかの判定が行われます。この手続きは2019年改正では変更ありません。**当局による数量調整**は少量新規と同様に実施され、次のように優先的に配分されます。

1. 用途証明書類の添付があった場合は、添付なしよりも優先的に配分される。
2. 前年度の製造・輸入実績がある場合には、実績なしよりも優先的に配分される。
3. 前年度の製造・輸入確認数量の実績数量との差が小さい場合には、その差が大きい場合よりも優先的に配分される。

低生産量新規化学物質のよくある質問

Q 低生産量届出を２社連名で行います。この時の製造・輸入予定数量はどのように記載すればよいでしょうか？

A ２社合計で環境排出・製造数量が10トン以内になるように、該当年度の製造・輸入数量予測を元に記入してください。

Q 今年度少量新規で１トン確認を受けています。年度の途中で低生産量新規の確認を３トン受けました。この場合、今年度は何トン製造できますか？

A 少量新規と低生産量新規は併用できますので、少量新規１トン＋低生産量新規３トンの合計４トン製造可能です。ただし、今後数量の確認を追加したとしても、少量新規と低生産量の合計で10トンまでです。

第四章

用途証明書の作り方・入手方法

第二章と第三章で紹介した少量新規化学物質、低生産量新規化学物質については「用途証明書」が必要ですが、この制度は平成30年改正から導入された新しい手続きですので、ここでまとめて説明します。

KEYWORD

33 用途証明書とは？

POINT 少量新規化学物質、低生産量新規化学物質では2019年改正から新たに「用途証明書」が必要となりました。これは顧客にその用途を連絡してもらうものですので、制度をしっかり理解する必要があります。

1 用途証明書とは

2019年改正によって、少量新規申出、低生産量新規申出に必要となった用途証明書には次のようなものが使用可能です。

① 当局の用意した「**用途確認書**」書式（右記）に顧客に記入してもらう

② 事業者間で締結している売買契約書、品質保証書、納品書等

③ 用途を限定特記したSDSに、申出物質の使用者が署名押印した書類

いずれの書類にも次に事項が記載されていなければなりません。

・用途証明書の宛先（製造・輸入社名、部署、担当責任者氏名）

・新規化学物質（又は新規化学物質が含有されている商品）の名称、用途番号及び用途分類

・使用者（社名、部署、担当責任者氏名、住所）

用途証明書がない場合も、環境排出係数＝1で申出はできますが、用途証明書のある申出の方が数量確認で優先的に製造・輸入可能数量の割り当てが行われます。

2 当局の用意した「用途確認書」書式に顧客に記入してもらう

書式は、以下の経産省Webサイトからダウンロードできます。

http://www.meti.go.jp/policy/chemical_management/kasinhou/files/information/shinki/youtokakuninnsyoset2.doc

（使用者が作成する場合）（※１）

受付コード：

用 途 確 認 書

平成　　年　　月　　日

〇〇〇株式会社
代表取締役社長　〇〇　〇〇　殿（※２）

△△△株式会社
代表取締役社長　△△　△△（※３）印
住所

今般、貴社から譲渡予定の下記１．の化学物質（又は商品）は、下記２．に記載の用途にのみ使用することについて、下記のとおり確認する。

記

１．新規化学物質（又は商品）の名称（※４）

２．１．の新規化学物質（又は商品）の用途番号及び用途分類（※５）
用途番号：
用途分類：

３．貴社から当該新規化学物質の用途に関して説明や資料提出を求められた際には、貴社に協力する。

（※１）使用者から申出者に直接用途確認書を提出できない場合は、申出者から使用者までの商流に従い、複数の者からの用途確認を一の用途確認書とすることも可とする。（例：使用者から商社への確認書＋商社から申出者への確認書等）
（※２）製造者・輸入者の名称を記載する。会社の代表者でなくても、当該新規化学物質の譲渡及び本文書の記載内容に関し責任を有する者（部長等）であればよい。
（※３）使用者の名称を記載する。会社の代表者でなくても、当該新規化学物質の使用及び本文書の記載内容に関し責任を有する者（部長等）であればよい。氏名を記載し、押印することに代えて、署名することができる。
（※４）原則申出書に記載した新規化学物質の名称と同一とする。
（※５）新規化学物質の製造又は輸入に係る届出等に関する省令第六条第二項及び第九条第二項に基づき厚生労働大臣、経済産業大臣及び環境大臣が用途に応じて定める係数を定める告示（平成30年厚生労働省・経済産業省・環境省告示第１２号）で規定する用途番号及び用途分類を記載する。

3 用途限定を記載したSDSの使用

「③　用途を限定特記したSDSに、申出物質の使用者が署名押印した書類」については次のような対応の方法があります。

- SDS受領証に用途証明書の要件を満たす記載事項を追記し、受領者に押印又は署名してもらい、SDSと受領証をセットにして申出書に添付する。
- SDSの**第16項　その他情報　に用途証明を記載**し、使用者に押印又は署名してもらい、SDSを申出書に添付する。

第16項記載例

用途証明（化審法用）：弊社から納入予定の本製品は、以下の用途のみに使用することを確認する。また、弊社から本製品の用途に関して説明や資料提出を求められた際には協力する。 用途番号： 用途分類： 会社名　： 住所　　： 所属部署： 氏名　　：　　　　　　　　　印

- SDSを複数社に使用することを想定して個別の企業名等を記入したくない場合は、第16項に次のように記載し、使用者の受領証とともに申出書に添付する。

第16項記載例（個別の企業名等を記入しない場合）

用途証明（化審法用）：弊社から納入予定の本製品は、以下の用途のみに使用することを確認する。また、弊社から本製品の用途に関して説明や資料提出を求められた際には協力する。 用途番号： 用途分類：

なお、用途証明書は**コピーを添付**します。用途証明書の原本は製造者・輸入者が少なくとも3年間保管しなければなりません。当局による立ち入り検査時に提出を求められる可能性があります。

4 使用者は用途について責任を持つ

化審法において、化学物質の製造・輸入者は非常に重い責任を負っています。たとえば、化学品メーカーからサンプルとして化学物質を受け取り、使用者が評価した結果非常に優れた製品であったため、そのまま商品に使用して出荷したとします。この時、もし、化学品メーカーが商品としてその物質を使用できる化審法対応をしていなければ、その法令違反の責任は販売した使用者ではなく、全責任を化学品メーカーが負わなければならないのです。

従って、使用者は自身の勝手な取扱いによって化学品メーカーを違反状態にしないよう、製造をしていなくても、化審法について細心の対応をしなければなりません。使用者にとって、用途情報は企業秘密である点は理解できますが、化審法2019年改正によって製造・輸入メーカーは用途情報を当局に提供しなければ製造できなくなったことを理解し、用途証明書の作成に協力する必要があります。コンプライアンス遵守が営業成績よりも重視される今の時代において、法令対応を適切に行わないことは、使用者がサプライチェーンから外されてしまうことを即意味します。

KEYWORD
34 用途証明書こんなときはどうする？

POINT **用途証明書を誰が作成するのかについては、経済産業省がモデルケースを提案しています。ここでは、それらをケースごとに分類して紹介します。**

1 用途が複数ある使用者の対応

化学品メーカーから購入した化学物質を複数用途に使用する場合、製造者は用途ごとに申出を行う必要がありますので、使用者は用途ごとに年間使用量を予測し、用途証明書を作成するよう努力が必要です。**やむを得ない場合は、複数の用途を併記した用途証明書を作成することができます**【図23】。ただし、この場合の環境排出量は最大の排出係数を用いて算出されることになりますので、場合によっては化学品メーカーのビジネスに影響を与える可能性があります。十分にサプライチェーンで協議を行って決定する必要があります。

図23　同一物質を複数の用途に使用する場合

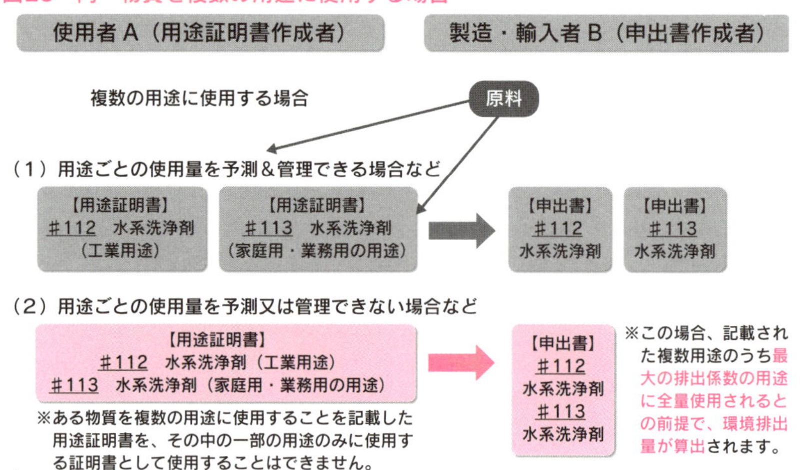

2 配合品を作るだけの使用者の対応

化学品メーカーから購入した化学物質を化学反応を起こすことなく配合するのみの場合であっても、調合者が用途証明書を作成しなければなりません。従って、自社の配合品が川下企業でどのような用途に使用されるのかを適切に把握する必要があります。

商流	A社 →	B社 →	C社又は個人等
	化学品メーカー	**配合品メーカー**	製品メーカー 又は消費者
業務	製造・輸入	調合	調合品の使用
区分	製造・輸入者 化審法申出者	新規化学物質使用者	調合品使用者
責務	申出	**用途証明書作成**	化審法対応不要
例	物性改善化学物質を新規化学物質として製造・輸入	化学物質をA社より購入し塗料を製造	B社から塗料を購入し、自動車を塗装

3 製造される新規化学物質が中間物用途の場合

化学品メーカーから購入した化学物質を原料として使用する場合も、同様に使用者が新規化学物質の用途証明書を作成する必要があります。

商流	A社 →	B社 →	C社又は個人等
	化学品メーカー	**化学品メーカー**	製品メーカー 又は消費者
業務	製造・輸入	化学反応を伴う工業的使用	調合品の使用
区分	製造・輸入者 化審法申出者	新規化学物質使用者	調合品使用者
責務	申出	**用途証明書作成**	化審法対応不要
例	新規樹脂モノマーを製造・輸入	モノマーをA社より購入し樹脂を製造	B社から樹脂を購入し切断するなどのみでそのまま使用

4 新規化学物質が輸出される場合

輸出用品として製造した場合は、商社が輸出用の用途証明書を作成します。ただし、商社が用意できるのは化学物質（混合品）の輸出を証明する書面であり、たとえば商社がインクカートリッジを輸出するような場合には、インクカートリッジは化審法対象外の製品に該当するため、インクの成分化学物質を製造した会社が用途証明書を作成することになります。従って、製造者が自ら輸出する、あるいは製品にする場合は、製造した社内で製品へ加工・輸出する責任者が用途証明書を作成することができます。

商流	A社 →	B社 → (B社は商流に介在しないこともある)	**商社**
	化学品メーカー	調合品メーカー	
業務	製造・輸入	調合	輸出
区分	製造・輸入者 化審法申出者	新規化学物質使用者	調合品輸出者
責務	申出	A社の化学品に関する化審法対応不要	**輸出用**として用途証明書を作成
例	物性改善化学物質を新規化学物質として製造・輸入	化学物質をA社より購入し塗料を製造	B社から塗料を購入し輸出、又はA社から化学品を購入してそのまま輸出

5 新規化学物質の製造者自ら調合品を製造し販売する場合

化学品メーカーが製造した新規化学物質で自ら調合品を生産し、それを製品として出荷する場合は、化学品メーカーが自分で用途証明書を作成します。この場合の署名者は社長（あるいは本社部門の部長）ではなく、調合品を生産する部署の責任者でなければなりません。この場合、申出者も自社ですのであて先は不要です。

商流	A社 →	B社
	化学品メーカー 兼 調合品メーカー	化学品メーカー・使用者
業務	製造・輸入・調合	使用
区分	製造・輸入者・調合者 化審法申出者	新規化学物質使用者
責務	申出 **用途証明書作成**	A社の化学品に関する化審法対応不要
例	物性改善化学物質を新規化学物質として製造・輸入し、それを使用して調合品を生産	調合品をA社より購入し使用

6 新規化学物質を含む調合品を商社が輸入し、そのまま出荷する場合

海外の化学品メーカーが製造した新規化学物質を含む調合品を輸入し、そのまま出荷する場合は、商社が自分で用途証明書を作成します。この場合の署名者は社長（あるいは本社部門の部長）又は輸入する部署の責任者です。この場合、申出者も自社ですのであて先は不要です。

商流	A社 →	B社
	商社	化学品メーカー
業務	輸入	使用
区分	輸入者 化審法申出者	新規化学物質使用者
責務	申出 **用途証明書作成**	輸入された化学品に関する化審法対応不要
例	新規化学物質が使用された塗料を輸入	商社から新規化学物質を含む塗料を購入し、自動車を塗装

・新規化学物質を商社に販売する場合

化学品メーカーが製造した新規化学物質を商社に出荷する場合は、情報保護の観点から【図24】に示す3パターンが可能です。

図24　新規化学物質を商社に販売する場合の用途証明書の入手

1）商社を介さずに用途の確認ができる場合

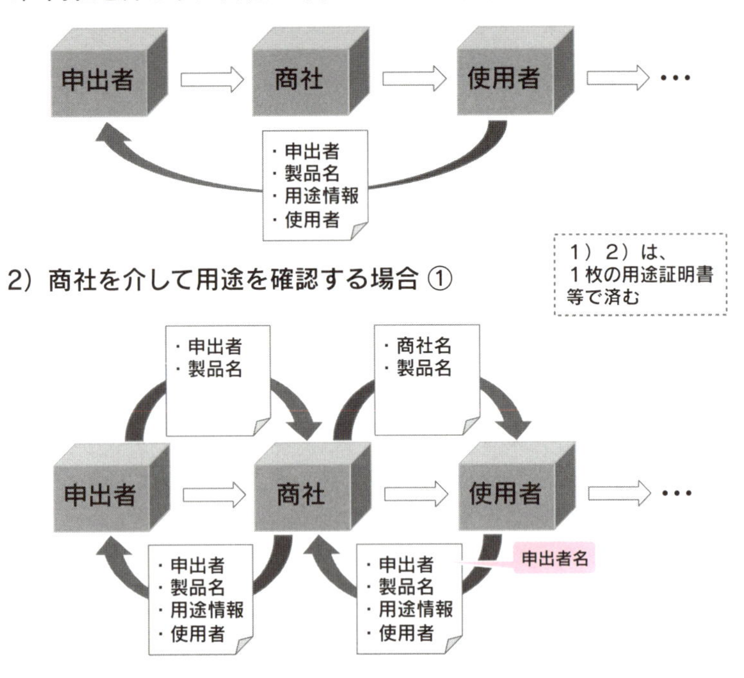

3）商社を介して用途を確認する場合 ②

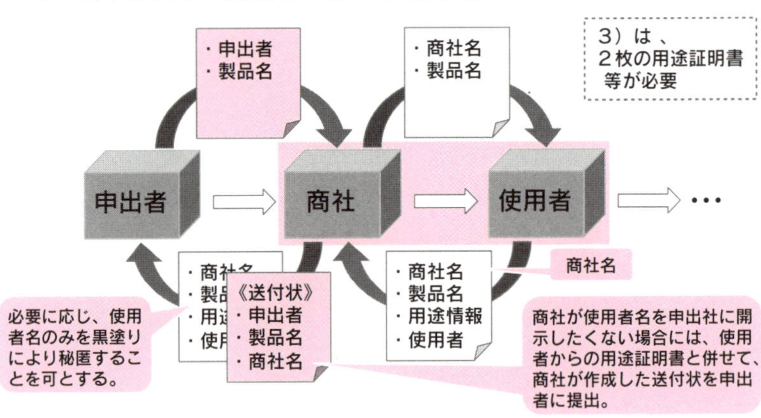

第五章

年間10トンを超えて新規化学物質を製造・輸入する通常新規

年間10トンを超えて新規化学物質を製造・輸入する場合には、安全性に関する動物実験や環境影響試験が必要になります。そのため手続き費用は高額になり、申請着手から製造可能になるまで年単位で時間がかかります。営業担当者もこの仕組みを十分に理解し、化審法対応が終わるまでビジネスにならないことを考慮して申請戦略を立てる必要があります。

KEYWORD

35 通常新規化学物質届出

POINT **年間10トンを越えて生産を行う通常新規化学物質の届出は外部機関に試験と申請業務をセットで委託することが一般的です。長期を要しますので、早期にスケジュールを立案することが重要です。**

1 試験スケジュールの立案

届出には下記の試験結果が必要です。

・分解度試験（200万円弱）
・濃縮度試験（魚：700万円程度、分配係数試験：100万円強）
・スクリーニング毒性試験
（エームス：30万円弱、染色体異常：100万円程度、28日間反復毒性：1000万円程度）
・スクリーニング生態毒性試験
（藻類：150万円程度、ミジンコ：100万円強、魚類：200万円弱）
（申請代行料：100万円弱）

通常新規では**ラット28日間反復毒性試験が律速**となります。この試験は毒性のない物質で6か月、毒性が現れ追加検査項目が発生すると7～8か月になることもあります。全体のスケジュールはこの試験を軸に設定してください。さらに、構造に**フッ素を含む化合物**では、切歯へ蓄積して着色することがあります。そのような影響がみられた場合は、切歯の病理組織観察が必要となり、切歯を柔らかくするなどの前処理のため、1か月程度の試験期間延長の可能性もあります。追加費用は影響がみられた個体数（検査個体数）によりますが、最大100万円弱の追加となります。また、反復投与毒性試験の適合GLPは化審法とOECDでは若干試験法が異なりますので、事前に検討することが必要です。

モデルケースを次に示します。

①もっとも速やかに試験が進行した場合

- 4月下旬　反復投与毒性試験開始
- 10月下旬　反復投与毒性試験完了
- 10月下旬　申請資料提出
- 1月上旬　届出書提出
- 2月下旬　判定通知受領

②追加試験が必要となった場合

- 4月下旬　反復投与毒性試験開始
- 12月上旬　反復投与毒性試験完了
- 12月下旬-1月上旬　申請資料提出
- 3月上旬　届出書提出
- 4月下旬　判定通知受領

2 受託機関に委託する手続き

委託先とのスケジュール調整や見積の確認が終了したら試験委託手続きを行います。委託先から提供される試験依託書等の書式を作成し送付します。多くの場合、試験委託書には試験に用いる被験物質の送付予定を記入する欄があります。届出物質の担当者とスケジュールを調整して記載してください。この際、委託の早い段階でサンプル必要量を確認しておくことを推奨します。

KEYWORD
36 5年後公示前の名称確認対応

POINT 通常新規届出の注意点の1つが、5年後に名称が公示されることです。名称が公示されると既存化学物質同様に、誰でも製造・輸入が可能になります。

1 5年後に公示名称が決定され公示される

通常新規化学物質の届出を行った場合、審査結果を受領してから5年後に公示（化学物質名称等の公表と誰でも製造可能になる）が行われますが、それに先立って通知から4年後くらいに（タイミングは決まっていない様子）NITEより公示名称案の提示と受諾確認連絡があります。右記のようなワードファイルが**NITE化審法連絡システム**で送られてきますので、物質の担当者に記入を依頼します。

NITEに提示された名称案でよいかどうか、CAS番号はあるか、安衛法番号はあるか、などの質問が記載されています。このファイルを担当者に送付し、担当者にて必要事項を記入した後に、NITE化審法連絡システムを使って回答します。回答期限が2週間程度に設定されていますので注意してください。

H31-○○○
(処理番号　○、判定：○)

ここに物質情報(構造式など)

届出名称

ここに申請時に申請者が命名した名称

公示名称原案

ここに三省が提案する名称

確認内容

1. 以下の□にチェックしてください。

□公示名称案でよい。
□以下の訂正名称にして欲しい。
訂正名称：
訂正理由：

2. CAS番号があれば以下に記載してください。

CAS番号：

3. 労働安全衛生法における工事番号がある場合は以下に記載してください。

安衛法公示番号：
安衛法公示名称：

通常新規・公示のよくある質問

Q 公示名称への連絡の後、公示日等の確定連絡はNITEや経産省よりありますか？

A 「公示しました」という連絡はどこからも来ません。NITEがWebで公開しているデータベースCHRIPで自主的に確認して把握します。

Q 以前化審法の通常届出を行った同一物質の届出を他社で行いたく提出書類を教えてください。

A
- 新規化学物質製造・輸入届出書（様式第1（第2条関係））：正3部
- 判定通知書の写し：3部
- 判定通知書送付用の封筒：1部

Q 副生物が新規化学物質でどのような処理をしても分離することが困難です。

A 実用的な精製法で分離が困難であれば、混合物で届出ることが可能です。この場合の名称は「○と○の混合物」や「○と○の反応性生物（製法を名称とする）」で記載することも可能です。別途、NITEに事前相談が必要です。

Q 期待の新規化学物質が魚類濃縮度試験で高濃縮となりました。試験委託先から事実上届出できませんと言われたのですが、化審法の本を読むと長期毒性試験を行えば届出ができると書かれています。この本には断念することになると書かれていますが、どういうことですか？

A 長期毒性試験は医薬品の安全性試験に匹敵する試験となりますので、数億円の試験費用と数年の試験期間がかかります。それだけの試験を実施する価値についてご検討ください。

第六章

通常高分子化合物（高分子フロースキーム）

化審法の中で高分子は特別扱いを受け、申請が簡略化されます。それは、分子量の大きな物質は、仮に飲み込まれたとしても腸管から吸収されることはないので健康被害が出ない、ということが前提です。しかし、高分子の定義は化審法で確認方法とともに厳格に定められていますので、本章では高分子の化審法取り扱いについて解説します。

KEYWORD

37 化審法高分子届出概略

POINT 分子量が十分に大きく、安定な高分子は生物の体内に摂取されても吸収はされないことから、これまで紹介した低分子化学物質よりも簡易な試験で製造・輸入が可能となります。

1 化審法高分子とは？

化審法高分子とは、下記の要件のすべてを満たす物質です。

- **1種類以上の単量体単位の連鎖により生成する分子でできている化学物質**
- **3連鎖以上の分子の合計重量が全体の50%以上を占める**
- **同一分子量の分子の合計重量が全体の50%未満である**
- **数平均分子量が1,000以上である**

2 数平均分子量とは？

数平均分子量とは、分子の数で平均した分子量のことです。たとえば、分子量10,000の分子1個と1,000の分子1個から成る化学物質の数平均分子量は（10,000＋1,000）／2＝5,500になります。参考までに、重量で平均すれば重量平均分子量となり、分子量が異なれば同じ質量の中に含まれる分子のmol数は異なりますので、普通は重量平均分子量の方が大きな値になります。

3 高分子試験の概略

高分子フロースキームでは【図25】のような流れで試験が実施されます。

具体的な基準値・構造上の制限については、「平成二十一年二月二十八日三省告示第二号」2019年7月1日改正を参照して下さい。

図25　高分子フロースキーム試験の概略

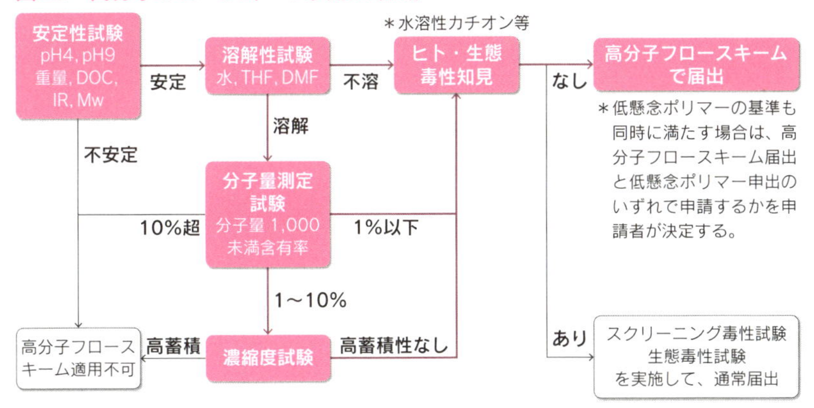

※略号（カッコ内は試験要件）
重量＝重量変化（pH4 のみ実施）
DOC＝溶存有機炭素濃度（pH9 のみ実施）
IR＝IR スペクトル変化
Mw＝分子量変化
THF＝テトラヒドロフラン
DMF＝N,N- - ジメチルホルムアミド

KEYWORD

38 既存ポリマー

POINT 化審法で定められた要件を満たすポリマーは既存ポリマーとみなされ、化審法の対応が不要です。2019年改正で新たに90%ルールが追加されました。

1 99%ルール

対象ポリマーの99wt%（重量%）超が既存の場合、残りの1%未満は既存であっても新規であっても、全体は既存とみなします【図26】。

2 98%ルール

既存のポリマーが98wt%超で、残りの2%未満の部分のモノマーが既存の場合、全体は既存とみなします【図26】。

図26　届出不要の高分子

今回新たに製造を始めたいポリマーが……

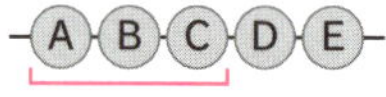

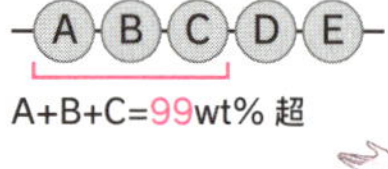

3 ブロック重合物・グラフト重合物

構成する単位重合物（分子量分布を有するものに限る）がすべて既存のブロック重合物と、構成する幹ポリマー、枝ポリマーがすべて既存のグラフト重合物【図27】は既存とみなします。

図27　ブロック重合物とグラフト重合物

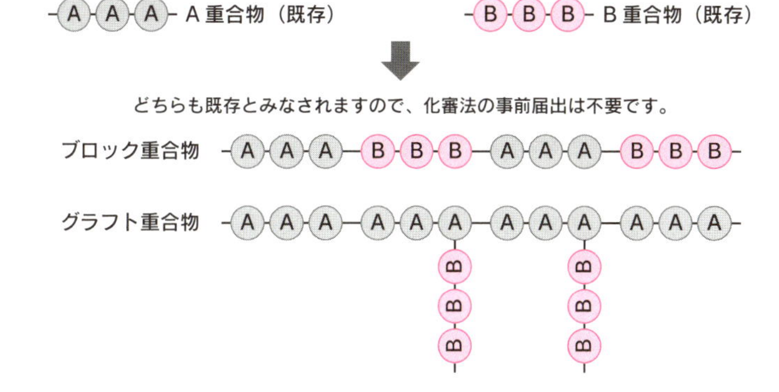

4 90%ルール【2019年改正で追加】

既存化学物質である高分子の高分子化合物の**wt%が90%を超え**、残り10%が次の6項目をすべて満たす場合は、新規化学物質として取り扱わず、化審法の申請は不要となります。

（1）各単量体が既存化学物質の場合にその含有割合が2%未満であること、既存化学物質に該当しない場合はその含有割合が1%未満であること
（2）第一種特定化学物質、第二種特定化学物質を含まないこと、かつ構造の一部にこれらが含まれないこと
（3）ナトリウム、マグネシウム、カリウム、カルシウム以外の金属を含まないこと
（4）陽イオン性でないこと
（5）ヒ素又はセレンを含まないこと
（6）構造中に炭素間二重結合、炭素間三重結合、炭素窒素間二重結合、炭素窒素間三重結合、アジリジル基、アミノ基、エポキシ基、スルホン酸基、ヒドラジノ基、フェノール性水酸基、フルオロ基を含まないこと

ただし、高分子化合物の数平均分子量が10,000を超える場合は（1）～（5）を満たすだけでよいとされています。

KEYWORD 39
高分子新規化学物質届出種別確認フロー

POINT 高分子は体内に吸収されないことを前提とした特例のため、残存低分子がないことや、生体内で容易に分解されないことなどを試験データで示す必要があります。

1 残存モノマーは1%未満になるまで精製

高分子フロースキームを行う場合も、不純物、残存モノマーなど分子量が1000未満の成分は1%未満でなければなりません。原料モノマーが既存化学物質の場合は、それらを含んだままのサンプルで試験を行って計算で処理をする手順も認められてはいますが、NITE事前相談が必要となり手間も煩雑になりますので、たとえ残存物質が既存化学物質であっても1%未満でなければならないと考えてください。1%以上の不純物が含まれている場合には、それに対する蓄積性試験が必要となり、600万円以上の試験費用の上乗せとなります【図28】【図29】。

また、分子量や構成モノマー比は工業化したときに最も通常に製造するもので試験を行うことが基準ですが、安全上、分子量が最も小さなものを用いてください。現在は分子量が小さい側の判定が非常に厳しくなっています。

図28　高分子新規化学物質届出種別確認フロー

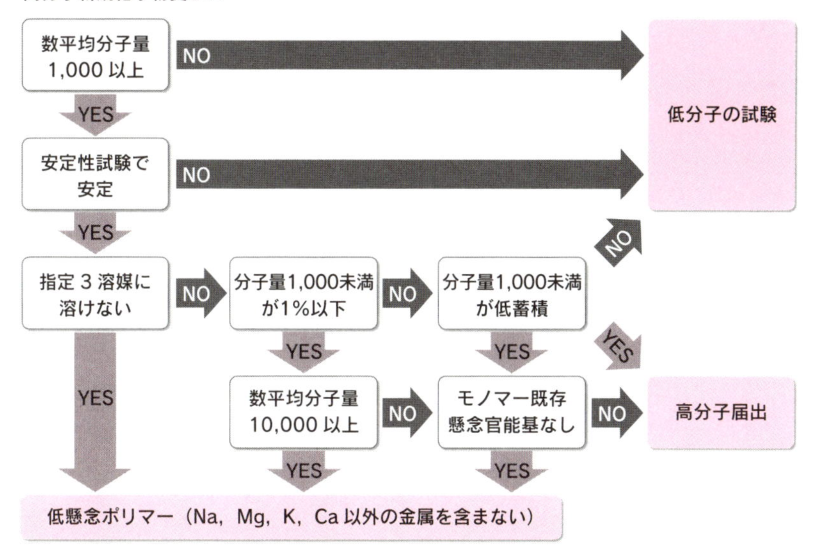

図29　オリゴマーを多く含む高分子新規化学物質フロー

分子量 1,000 未満の成分がおおむね 10%未満の場合は、高分子フロースキーム＋濃縮度試験で届出することを検討してもよい。NITE に事前相談が必要。

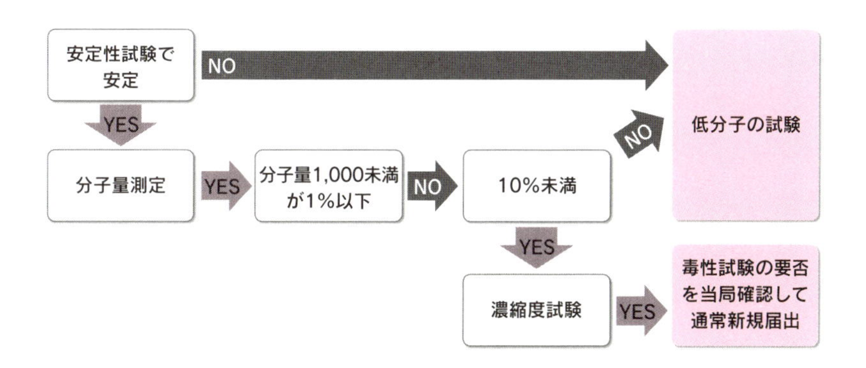

2 高分子試験結果と判定基準

高分子フロースキーム判定基準は次のようになっていますので、高額な試験に着手する前に要件を満たすかどうか自主的判断が必要です。

試験方法	判定基準
物理化学的安定性及び酸・アルカリに対する溶解性試験法	試験前後で変化がないこと
水及び有機溶媒に対する溶解性試験	①　試験前後で重量変化がないこと ②　①以外の場合であって分子量の要件を満たす、又は、高蓄積性を示唆する知見がないこと
分子量分布の測定試験	

高分子フロースキームとはつまり、下記の要件を満たす高分子は白公示化学物質として扱います、という特別な審査の仕組みです【図30】。その満たすべき条件とは……。

① 数平均分子量が1,000以上。分子量分布を有する。溶解度や融点が明瞭でないなどの特色を有する化学物質。

② 光、熱、pHの変化によって誤差以上の重量変化がないこと。重量変化があった場合には他の分析方法により構造変化がないことを示し物理的・化学的安定性を確認できればよい。

③ 次の(A)又は(B)のいずれかの性質を持つこと。(A)水、脂溶性有機溶媒及び汎用溶媒に対して誤差以上の重量変化がなく不溶であり架橋構造や結晶性などの特定の構造特性を持つか、酸、アルカリに不溶であること。(B)水、脂溶性溶媒及び汎用溶媒に対して溶解が確認されても分子量1,000未満の成分含量が1%未満で生体内への高蓄積性を示唆する知見がないもの。

④ 重金属を含まず、化学構造などから判断して人への長期毒性が示唆されないこと。

⑤ 重金属を含まず、水、酸及びアルカリに対する溶解性が確認されない場合、水への自己分散性が確認されないか、あるいは水への自己分散性が確認されてもカチオン性を示さない場合。

⑥　重金属を含まず、水、酸及びアルカリに対する溶解性が確認された場合にカチオン性を示さないものであって、化学構造や動植物への毒性に関する知見から判断して動植物の生息に支障を及ぼすおそれが示唆されていないこと。

ここで、①②③を満たさない場合には通常の有害性評価（分解度試験、濃縮度試験、スクリーニング毒性試験、生態毒性試験）が必要となります。また、①②③は満たすけれど重金属を含んでいたり、人への長期毒性が懸念されたりする場合は、スクリーニング毒性試験が必要となります。たとえば、イソシアナト基やエポキシ基を持つ場合は、継続的に摂取すれば人の健康を損なう可能性があるとして、高分子でありながら毒性試験を求められる場合があります。

■高分子フロースキーム平成30年試験運用見直し

化審法高分子フロースキームは化審法改正に先立って、平成30年4月1日より運用が見直されました。

<table>
<tr><th colspan="2"></th><th>平成29年度まで</th><th>平成30年度より</th></tr>
<tr><td rowspan="2">安定性試験</td><td>実施項目</td><td>pH1.2，4.0，7.0，9.0</td><td>pH4.0，9.0</td></tr>
<tr><td>判定試験</td><td>重量変化
溶存有機炭素濃度（DOC）変化
IRスペクトル変化
分子量変化</td><td>pH4.0 重量変化
pH9.0 DOC変化
IRスペクトル変化
分子量変化</td></tr>
<tr><td colspan="2">溶解性試験</td><td>5溶媒</td><td>水
テトラヒドロフラン
N,N-ジメチルホルムアミド</td></tr>
</table>

https://www.meti.go.jp/policy/chemical_management/kasinhou/todoke/plc_kaisei.pdf

KEYWORD 40

高分子フロースキーム試験用サンプル

POINT **高分子フロースキーム試験を実施する際に最も気を付けなければならないことは、残存モノマーです。化審法は純品での試験が原則ですので、あらゆる手段を尽くして残存モノマーの除去が必要です。**

1 高分子の場合の試験サンプル調製

高分子の場合は、その化学物質が**化審法高分子の要件を満たすか、分子量はどうか、低分子のものは含まれていないか、安全性を担保する高い安定性は確保されているか**、などを試験で確認します。高分子フロースキーム試験用サンプルの場合は未反応モノマーの残存も認められませんので、よく洗浄して完全に除去してください。また、高分子のサンプルでは低分子量成分を含んでいないことをゲル濾過法で証明できることが重要です。高分子の中に何かの分子を巻き込んでいて試験中にそれが溶け出し、分子量1000未満の成分として検出されてしまう可能性がある場合は、それらも何とかして完全に除去してください【図30】。低分子成分が除去できない場合は、それらについて同定を行い、別途申請が必要です。また、ゲル濾過はクロマトに使用した溶媒から謎ピークが出現することもあります。これらもピークをなくすよう、分析溶媒や装置条件の検討も重要になります。

高分子フロースキームは一度通知を受けたならば数量制限なし、製造期間限定なしで製造できる有利な手続きですので、万難を排して完全な試験サンプルを調製してください。

図30　高分子フロースキーム用　試験サンプル

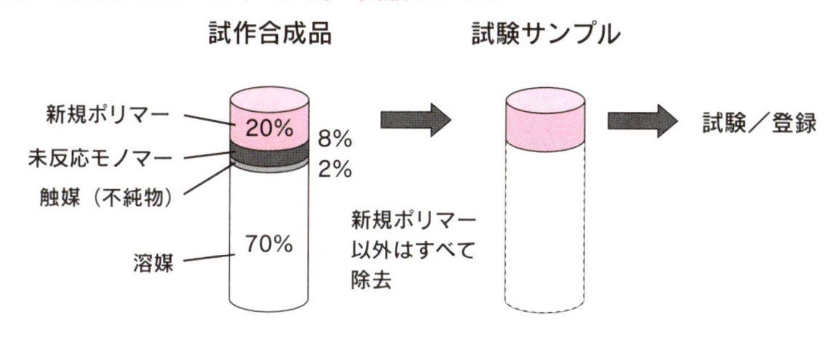

2 分子量ばらつきと試験サンプル選定

また、高分子工業製品にはある程度広い分子量のばらつきが生じると思いますが、化審法試験サンプルとして用いる分子量範囲については、**工業製品として製造予定の分子量範囲の中で最も小さなもの**を準備してください【図31】。たとえば製品分子量を10,000～30,000として販売するなら、試験サンプルは10,000を用意します。試験サンプルの分子量帯よりも分子量の大きなものを実生産することは問題ありませんが、試験サンプルよりも分子量の小さい側に実生産品の分子量を下げることはできません。たとえば、化審法の申請を10,000の分子量サンプルで申請し、製品は5,000～30,000というのは低分子側が認められません。安全側（より分子量の大きな側）に拡大解釈することは可能ですが、**危険側（より分子量の小さな側）への拡大解釈は一切認められない**、ということです。

図31　試験サンプルとして用いる分子量範囲

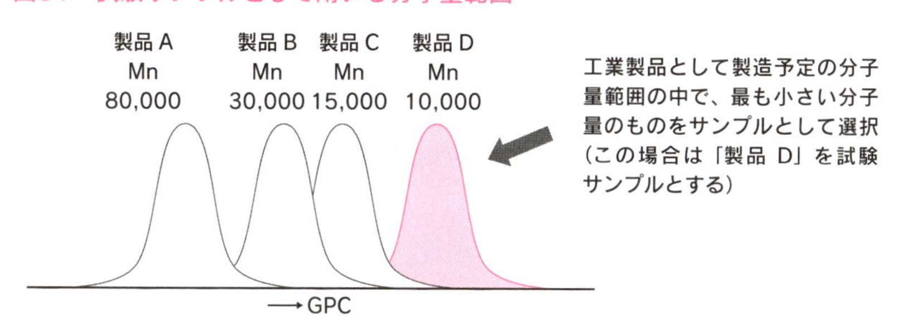

KEYWORD

41 低懸念ポリマー（PLC）

POINT 物理化学的安定性や特定の官能基を持たないなど、一定の要件を満たす高分子化合物を低懸念ポリマー（PLC）といいます。低懸念高分子に該当する場合、低懸念ポリマー確認という制度を利用できます。

1 低懸念高分子の確認制度

特別試験が軽減されたりするわけではないのですが、公示されないなど通常新規の高分子と取り扱いが異なります。三省は低懸念ポリマー制度の利用を推奨していますが、低懸念ポリマーを通常届出しても差し支えありません。

	通常届出（高分子フロースキーム）	低懸念ポリマー確認
必要試験データ	安定性、溶解性、分子量分布	
手数料	無料	
名称	IUPAC名、製法に基づく名称	IUPAC名、CAS名、商品名、略称
審査者	審議会による審査	当局による確認
届出所要日数	3～4か月	1か月　受付は随時
通知書種別	判定結果通知書	確認通知書
官報公示	5年後に公示される	公示されない
製造・輸入者	公示後は誰でも可能	確認を受けた者のみ
数量報告	必要	不要
立ち入り検査	対象外	対象

2 低懸念ポリマーの要件

1. 次のすべての要件を満たす高分子化合物が低懸念ポリマーに該当します。
   (1) 物理化学的に安定している。
      (1)-1 試験前後で2%を超える重量変化がない。
      (1)-2 試験前後で5ppmを超えるDOC変化がない。
      (1)-3 試験前後でIRスペクトルの変化がない。
      (1)-4 試験前後で分子量の変化がない。
   (2) 溶媒、酸、アルカリに溶けない。
      (2)-1 試験前後で2%を超える重量変化がない。
      (2)-2 基本骨格部分が陽イオン性を示さない。
      (2)-3 水及び有機溶媒に対する溶解性試験において、いずれの試験溶媒に対しても試験前後で2%を超える重量変化がない。
   (3) 化学構造中に、Na、Mg、K又はCa以外の金属を含まない。

2. 1の(1)、(2)及び(3)並びに次の(1)から(3)のすべての要件を満たす高分子化合物が該当します。
   (1) 溶解性試験において試験前後で2%を超える重量変化が見られ、分子量1,000未満の成分の含有が1%以下であり、かつ、生体内への高蓄積性を示唆する知見がない。
   (2) 化学構造中にヒ素又はセレンを含まない。
   (3) 次のいずれかに該当する。
      (3)-1 数平均分子量が10,000以上である。
      (3)-2 (3)-1に該当せず、高分子化合物を構成する単量体が既存化学物質等であり、かつ、以下の官能基等を含まない【図32】。
      炭素間二重結合（ベンゼン環等の環状構造に含まれる共役二重結合を除く）、炭素間三重結合、炭素窒素間二重結合、炭素窒素間三重結合、アジリジル基、アミノ基、エポキシ基、スルホン酸基、ヒドラジノ基、フェノール性水酸基、フルオロ基

図32

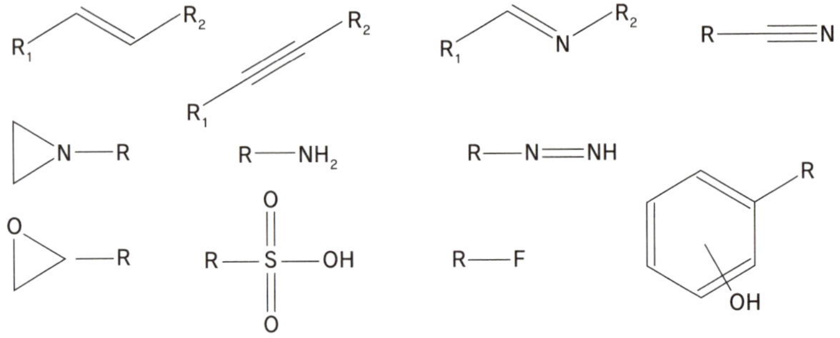

R₁ R₂ structures

3 低懸念ポリマー制度の利点

低懸念ポリマーで申出を行うといくつかのメリットがあります。

・確認通知の受取が早い

通常新規高分子フロースキームは資料提出から判定通知の受領（製造開始）まで約４か月かかりますが、低懸念ポリマーは約１か月で確認通知書を受領することができます。

・物質名が公示されない

通常新規高分子フロースキームは５年以内に名称が公示されますが、低懸念ポリマーは名称が公示されません。

・いつでも当局手続きを開始できます。

通常新規は年10回の審議会で審議されますが、低懸念ポリマーは随時確認されます。

・製造・輸入数量の届出の対象外です。

通常新規高分子フロースキームは、毎年６月に前年度の製造数量・輸入数量を届出る義務があります（第八章）。

高分子届出関連のよくある質問

Q A・B・C共重合物（高分子Xとします）は既存化学物質です。高分子Xに新規化学物質Dを0.4wt%組み込んだA・B・C・D共重合物は新規化学物質でしょうか？

さらに、高分子Xに新規化学物質Dを0.4wt%、既存化学物質Eを0.8wt%組み込んだA・B・C・D・E共重合物は新規化学物質でしょうか？

A 既存高分子Xに新規化学物質Dを0.4wt%組み込んだA・B・C・D共重合物は新規化学物質として取り扱いません。99%ルールが適用されます。

既存高分子Xに新規化学物質Dを0.4wt%、既存化学物質Eを0.8wt%組み込んだA・B・C・D・E共重合物は新規化学物質として取り扱われます。A・B・C共重合物の重量割合が99%以下だからです。99%ルールは適用できません。今回の問題では化学物質Dは新規化学物質ですが、化学物質Dが既存化学物質であれば、A・B・C共重合物の重量割合が98%を超えるので、A・B・C・D・E共重合物は新規化学物質として取り扱いません。98%ルールが適用されます。

Q ABC共重合物（A,B,Cは単量体の名称）を製造予定です。化審法新規かどうか調べると、「ABC共重合物（水、酸及びアルカリに不溶であり分子量1,000未満の成分の含有率が1%未満であるものに限る。）」が公示されています。製造予定の「ABC共重合物」は、高分子フロースキーム試験の安定性試験（pH9）では溶解しませんが、強アルカリでは溶解します。製造予定の化学物質は、公示物質と同一とみなせるでしょうか？

A 但し書きに記載されているアルカリとは、高分子フロースキーム試験における条件（＝pH9）での溶解のことです。公示物質と同じ条件であるpH9で溶解しなければ、公示物質と同一とみなせます。

Q モノマーから新規ポリマーを作る場合、ペレットと製品（繊維、フィルム）での化審法上の登録物質について教えてください。

A ペレットの場合はそのものが化学物質として扱われ、ペレットが届出対象となります。製品の場合は、その直前の前駆体が届出対象となります【図33】。

図33　ペレットと製品での化審法上の登録物質

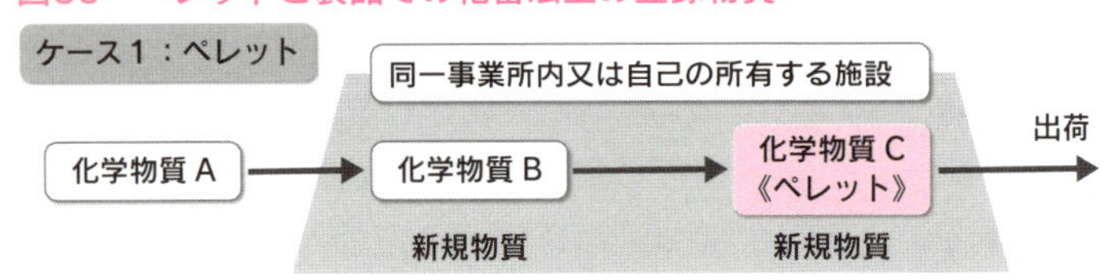

物質 C が届出対象。化学物質 B は全量が社内中間体として取り扱われる場合は届出不要。

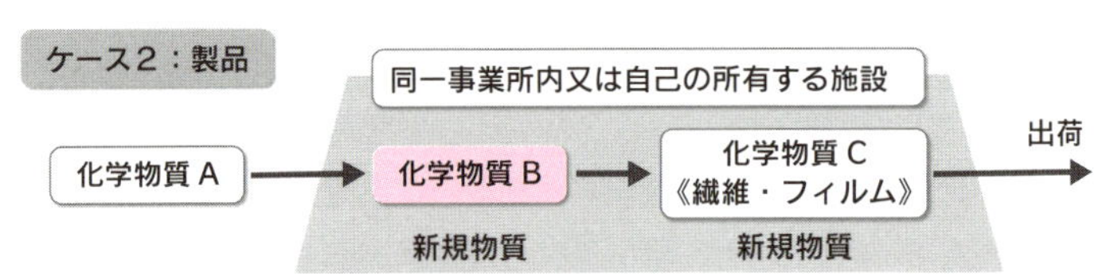

物質 C が製品（成形品）の場合は物質 C は届出不要。化学物質 B が届出対象となる。

Q 既存化学物質ABC重縮合物を、原料Cの代わりにDを用いて製造したいと考えています。原料が変わりますが、最終物質はまったく同じポリマーです。化審法上どのように対応すべきでしょうか？

A 化審法は化学物質そのものを届出対象としています。既存化学物質の名称が合成法をそのまま名称にしていない限りは、原料が異なっていても、同一物質（既存化学物質等）として扱います。ただし、低分子化合物は同一性を示すことが容易ですが、高分子は同一であることを証明することが困難であることが多いので、類推ではなく、データで確認しておいてください。

Q 部分溶解するポリマーにおいて、可溶成分は全体の20%というポリマーがあります。

可溶成分の内、分子量1,000未満の成分含有率は2%であり、不溶成分である80%は高分子量で分子量1,000未満の成分含有率はゼロです。従って、試料中の分子量1,000未満の成分含有率は0.4%となります。

可溶成分中の分子量1,000未満の成分含有率が1%を超えていても、試料全体に対する分子量1,000未満の成分含有率が1%を切れば、高

分子フロースキーム試験の結果で、申請可能でしょうか？

A 下記の3つの条件をすべて満たす高分子は、高分子フロースキームによる届出が可能ですので、安定性試験、溶解性試験及び分子量分布測定試験によって届出が可能です。含有される低分子化合物における通常評価を省略することができますので、試験期間の大幅な短縮とコストの削減が可能です。

・数平均分子量（Mn）が1,000以上

・分子量1,000未満の成分含有率が1%未満

・分子量に分布を持つ

ご質問では、ポリマーが20%溶解した試験条件での測定結果をもともとの含量に換算すれば1%未満であるので、高分子フロースキームで届出が可能か、ということですが、このような割り返しと呼ばれる計算操作による判断は認められていません【図34】。

図34　割り返しによる成分含有率換算は認められない

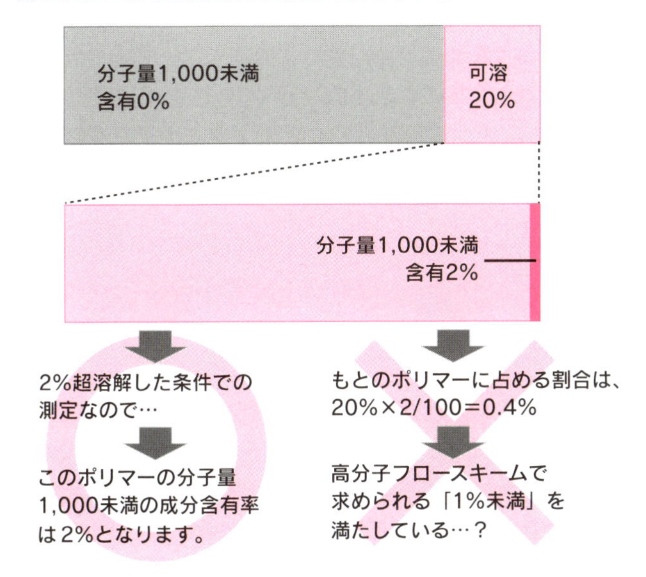

基準に従えば、重量変化2%超が「溶けた」と言える判断基準となります。言い換えると、もとのポリマーの2%超が溶解していれば「溶けた」とみなされますので、その状態で測定した結果がそのまま

分子量1,000未満の含量となります。

ですので、ご質問のポリマーについては「分子量1,000未満の含量は2%」であると判断され、高分子フロースキームでの届出はできません。

従って、可能な限りよく溶ける溶媒を用いて分子量測定を行うよう、試験方法を工夫して再測定してください。

ちなみに、この溶媒検討につきましては、安定性試験の試験前後のGPC測定と被験物質の分子量1,000未満成分含有量の測定を目的とするGPC測定は切り離して考えてかまいません（両者において溶媒等の測定条件が異なってもOK）。一方で、適当な溶媒を見つけることができず、1%以上含有されていると判断されれば、当該物質についての分解度、濃縮度、生態影響のデータが必須となってしまいます。勿論、分解度で易生分解性であれば白物質となるのでそれ以上のデータは要求されません。

Q アルキル鎖の炭素数に幅を持たせた高分子の届出を行う場合、実際の試験サンプルにはどのような長さのアルキル鎖の物質を用いればよいですか？　たとえば「アクリル酸アルキル（C＝1～8）・メタクリル酸アルキル（C＝1～12）」共重合物の場合など。

A 原則としてアルキル基の範囲をすべて含むと見込まれるものを試験サンプルとしてください。また、天然物などでC数が特定できないことが原因で「C5～C20」などの名称で届出る場合、試験サンプルとしてはC5付近、C20付近のサンプルでのそれぞれの試験が必要で、場合によっては中間付近C12などでの試験が必要となる場合もありますのでNITE相談案件となります。

Q 試験用のサンプルは届出る数平均分子量の範囲のどのくらいの分子量のものを用いればいいですか？

A 届出る物質の数平均分子量の範囲のうち最も小さい分子量のものが望ましいです。

第七章

中間物・輸出専用・閉鎖系使用

中間物、輸出専用品、閉鎖系使用は環境への放出が法で定められた基準よりも少ないことを定められた書式で示すことができれば、書類審査のみで新規化学物質の製造を行うことができる制度です。事前確認が必要で、標準処理期間は最短で1か月程度ですが、書類に不備があると完了までの期間は延長されます。

KEYWORD

42 中間物等

POINT **化審法は化学物質が環境経由で生態系へ悪影響を及ぼすことを避けるための法令ですので、環境中への放出量が明らかに著しく低い用途の場合は中間物等として、放出量の算出が求められます。**

1 中間物

中間物とは、化学反応を通じて、全量が他の化学物質（医薬品など化審法の審査の対象外のものも含む）に変化するものです。反応及び精製の後の成分中に残留する未反応成分が１重量％未満の場合には、全量変化したものとして取り扱います。中間物に該当する新規化学物質の製造・輸入数量に制限はありませんが、そのための条件として環境汚染防止対策が講じられており、予測環境放出量が製造・輸入量の１重量％未満、年間の製造・輸入量が10トンを超える場合には100kg未満である必要があります。予測環境放出量は、当該中間体が係る全工程において正確に数値を算出する必要があります。

2 閉鎖系使用

閉鎖系使用は、限られた使用者での閉鎖系使用であり、工業用熱媒など、限られた化学品が対象で、事前確認件数も非常に少ないものです。具体的には中間物、輸出専用品以外の用途で反応の触媒、型どり、フォトレジスト、反応溶媒、冷却剤又は、目的とする製造化学物質の構造には寄与しない反応の場合等に該当します。

3 輸出専用品

輸出専用品は、全量が「新規の化学物質による環境の汚染を防止するために必要な措置が講じられている地域を定める省令」で定める特定の地域に向けて輸出されるものであって、当該地域において当該新規化学物質が輸入可能であることを示すことができるものです。

輸出専用品を適用できる輸出先は次の各国です。

・アイルランド、アメリカ合衆国、イタリア、英国、オーストラリア、オーストリア、オランダ、カナダ、ギリシャ、スイス、スウェーデン、スペイン、スロバキア、大韓民国、チェコ、中華人民共和国、中華民国（台湾）、デンマーク、ドイツ、ニュージーランド、ノルウェー、ハンガリー、フィンランド、フランス、ブルガリア、ベルギー、ポーランド、ポルトガル及びルクセンブルク

4 中間物等申出に必要となる情報

いずれも提出書類は製造側及び使用側の施設、設備の説明、取り扱い説明、工程フロー、予想される環境への排出数量、各工程からの環境への排出を防止する措置並びに予測放出量及び根拠、管理体制、出荷形態、汚染防止策などです。特に年間予想環境放出量は判断基準となる重要な資料で、算出根拠が明確に数値で示されたものである必要があります。

中間物等の確認制度においては、製造・輸入総量の制限はありませんが、一度確認を受けた後に、製造・輸入総量を増加する場合には、改めて確認を受ける必要があります。

中間物等の確認を受けた新規化学物質は、翌年の４月１日～6月30日の間に前年度製造・輸入実績を厚生労働省化学物質安全対策室に提出しなければなりません。

KEYWORD

43 化審法中間物等輸出専用品申出手続

POINT 中間物等の申出では、1年間の製造・輸入によりどれだけの化学物質が環境中へ放出されるのかを、製造工程図などを作成して各ステップで算出しなければなりません。

1 中間物等の申出書は記載例に忠実に

申出書類は以下の経産省Webサイトで公開されている記載例に忠実に作成してください。

http://www.meti.go.jp/policy/chemical_management/kasinhou/todoke/shinki_chukan.html

各記述項目のポイントを次表にまとめます。

1. 新規化学物質の名称	IUPAC名称（和名）で記載（少量新規同様に原料と反応を名称とすることもできます） カタカナは全角、英数記号は半角 異性体を示すD、L以外のアルファベットはイタリック
2. 新規化学物質の構造式又は示性式（いずれも不明な場合はその製法の概略）	
3. 新規化学物質の物理化学的性状及び成分組成	外観：淡黄色結晶 融点：○～○℃ 溶解度：水 ○g/L、○○に不溶 純度：○%以上 不純物：○○ 純度は合計が必ず100%になるように記載してください。不明不純物は1

	成分1%未満でなければなりません。 不純物の種数は複数でも構いません。 （例：不明不純物合計3%未満、4種類以上、各1%未満）
4．新規化学物質の年間の製造（輸入）予定数量	中間物等は年間製造数量に制限はありません。プラントがフル生産した時の数量がよいでしょう。
5．新規化学物質を製造しようとする場合にあつてはその新規化学物質を製造する事業所名及びその所在地（新規化学物質を輸入しようとする場合にあつてはその新規化学物質が製造される国名又は地域名）	書面上部には本社、ここには製造する工場の事業所名と住所を記載してください。
6．新規化学物質を中間物として使用することが確実である者の氏名又は名称及び住所並びに法人にあつてはその代表者の氏名	中間物の場合は使用者（顧客・出荷先）を記載してください。 〇〇株式会社〇〇工場 住所
7．新規化学物質を使用する事業所名及び所在地	中間物の場合は使用者（顧客・出荷先）を記載してください。 〇〇株式会社 代表取締役　〇〇 住所
8．新規化学物質の使用により製造される化学物質の名称	〇〇 （化審法上の取り扱い） 例：新規化学物質、自社内中間物 例：化審法番号：〇-〇
9．その他参考となるべき事項	最終用途：〇〇 最終物質：〇〇（化審法上の取り扱い）

KEYWORD
44 中間物等申出書に対する指摘事項例

POINT **中間物等は有害性のデータではなく、排出量の推定で確認を行いますので、製造プロセス等の書面記載は他の届出・申出よりもはるかに厳格に審査されます。**

1 書面作成時に注意したい点

中間物等の申出は書面審査だけで行われますが、そのためか、他の化審法申請よりも書面を厳しく、一字一句チェックされます。**経産省のWebサイトには書き方の見本が掲載されている**ので、基本的にはそれらとまったく同じ体裁での作成が必要です。そのように注意をしても、申出物質に関する情報は自分で考えて作成しなければならず、書類作成に慣れないうちは多くの指摘を受けることになると思われます。以下に、代表的な指摘を紹介します。製造、輸入、使用すべてをまとめていますので、申請に必要な情報をピックアップして確認してください。

第3条関係　表紙	
1. 新規化学物質の名称	・物質名称の半角、全角、イタリックの適切な書き分けを経産省の指示通りに行う。
3. 物理化学的性状、成分組成	・物性については、溶媒への溶解性を水、テトラヒドロフラン、トルエン等について、溶・不溶でもかまわないので記載する。 ・成分組成は（不明不純物＋純度＋水）の合計が100%になるように。
6. 使用する事業所情報	・2行目に代表者名、3行目に住所と、記載例に従って改行を入れて書く。
8. 製造される化学物質	・自社内中間物の場合にはその旨記載する。 例：「新規化学物質、自社内中間物」 ・高分子などで括弧を使う場合は［{()}］などを

	使い分け、開く括弧と閉じる括弧の組み合わせを間違えないようにする。
(1) 製造設備及び施設の状況を示す図面	
① 施設の状況	・用語の統一をする。たとえば記載個所によって同じものが「廃棄物」と書かれていたり、「風袋不着物」と書かれていたりする場合は、統一する。 ・製造場所から貯蔵場所を介さずに出荷する場合は、その旨明記する。
② 製造設備の状況	・原料等の記載された化学物質は物質名称を記載しなければならないので、「3N塩酸」などと書かずに「塩酸」とする。 ・反応槽や遠心分離機からの排ガスを確認し、ないのであれば「密閉系のため排ガスは発生しない」など、ないことを明確にする。あるのであれば環境放出について記載する。
(2) 製造時の取扱方法を説明した書面について	
① 反応式	・塩である物質にはNH_3^+、COO^-のように塩であることが分かる記述にする。 ・原料等の化審法対応について数量のつじつまが合うように記載する。原料が少量新規などで申出新規化学物質の製造量に不足する場合や、別途何かの申出予定がある場合には、原料の下にその旨付記する。
② プロセスフロー	・「重曹」は「炭酸水素ナトリウム」と書く、「THF」などの略称も使わない。 ・少量新規申出物質が係る場合は、確認日と確認番号を記載する。 ・同時申出物質がある場合は、「別途中間物として申出予定」と書く。
③ 取扱方法	・不純物の含量が1%未満であることを確認する方法について記述する。 ・遠心分離機から乾燥機への落とし込みが密閉

	構造の場合は、その旨記載する。 ・移送する場合は密閉系であることを明記するが、原料投入時のように申出新規化学物質が関係しない個所については、そのような記述は不要。
④ 予測される環境への放出量	・焼却条件については、「燃焼ガス温度○度以上、滞留時間○秒以上」や「廃棄物処理法第15条第1項の施設設置許可を受けた処理施設で処理する」のように記載する。
(3) 製造に係る新規化学物質による環境の汚染を防止するための措置を説明した書面	
① 製造工程	・局所排気装置を使用している場合は、排気装置で吸入された分の飛散物質を環境放出量として考慮する。
③ 産業廃棄物	・スチールドラムなどを洗浄せずに廃棄する場合は「洗浄することなく」と記載する。洗浄する場合は洗浄工程や飛散物質についても記述する。洗浄する場合の記述方法は「当該申出新規化学物質を○○○で溶解し、その溶液を濾洗液、廃水と合わせ……する」。
⑨ 廃棄物処理外部委託先	・廃プラスチック類や金属くずなど申出に関係ないものは書かない。
(4) 製造しようとする事業者における化学物質の管理体制を説明した書面について	
① 組織体制	・「教育・訓練管理責任者」を設置し記載する。
① 作業要領の策定	・標準操作手順書等の関連文書は「SOP」などとせず、具体的文書名を記載する。
確認書	
	・輸出する場合は輸出が可能であること（輸出先の新規化学物質法令対応状況等）を記載する。

中間物等は排出量の計算
がとっても重要よ。

指摘を受けると、修正期間が
発生して製造開始が遅れてし
まうので、間違えないように
しっかり書きます。

KEYWORD
45 中間物等申出途中の取り下げ

POINT 申出手続き途中での取り下げについての書式等はないため、以下のような必要事項を記載した書面を作成し、経産省、厚労省、環境省それぞれに取り下げる旨のFAXを送ってください。

環境省総合環境政策局 環境保健部企画課 化学物質審査室 ご担当者　様 03-3581-3370	経済産業省製造産業局 化学物質管理課 化学物質安全室 ご担当者　様 03-3501-2084	厚生労働省医薬食品局 審査管理課 化学物質安全対策室 ご担当者　様 03-3593-8913

FAX

送信先：環境省総合環境政策局
環境保健部企画課
化学物質審査室
ご担当者　様

発信元：○○株式会社
○○（担当者名）
TEL：○
FAX：○

FAX：03-3581-3370	枚数：本紙含めて２枚
電話：03-3581-3351	日付：○年○月○日
要件：整理番号○○中○○○○の申出の取り下げについて	配布先：

□至急！　□ご参考まで　☑ご確認ください
□ご返信ください　□ご回覧ください

いつも大変お世話になっております。
整理番号○○中○○○○につきまして、
下記連絡書類を送付させていただきます。
お手数をおかけいたしますが、ご確認をお願い申し上げます。

記

・中間物等申出の取り下げ（略称：○○○○、整理番号○○中○○○○）

以上

中間物等申出の取り下げ

○年○月○日

厚生労働省
経済産業省
環　境　省
ご担当者　様

下記、新規化学物質の中間物申出につきまして、取り下げをお願い申し上げます。

1．新規化学物質の名称
○○○○

2．整理番号
○○中○○○○

3．理由
例：新規化学物質の使用により製造される予定だった化学物質が開発中止となったため、本件取り下げます。

（連絡先）
○○株式会社
○○部
○○（電話問合せ等に対応できる担当者名）
TEL：○
FAX：○
MAIL：○

KEYWORD

46 中間物等確認の廃止

POINT 中間物等の申出後は毎年、排出量の厳格な管理と正確な報告が要求されますので、使用を停止する、あるいは低生産等に切り替えた場合は、確認を廃止した方が業務の効率化につながります。

1 中間物等の廃止の書面作成

中間物等に係る事前確認の申出において、確認を受けた者がその確認を自らの都合により取消したい場合、「中間物の確認を受けたところに従ったその新規化学物質の製造又は輸入のとりやめについて（報告）」として報告書を提出します。報告書が受理されると、経産省より提出者に対して受理番号が連絡され、これをもって従来の取消しと同様の措置となります。報告書は下記の経産省Webサイトにワードファイルが用意されています。

http://www.meti.go.jp/policy/chemical_management/kasinhou/todoke/shinki_chukan.html

中間物等の確認を受けたところに従ったその新規化学物質の製造又は輸入の
とりやめについて（報告）

年　月　日

厚生労働大臣
経済産業大臣　殿
環 境 大 臣

氏名又は名称及び法人にあつては、　印
その代表者の氏名

住所

化学物質の審査及び製造等の規制に関する法律第３条第１項第４号の規定に基づき、同法施行令第３条第１項第　号に該当する旨の確認を受けた以下の新規化学物質について、確認を受けたところに従ったその新規化学物質の製造又は輸入をとりやめたため報告します。

１．新規化学物質の名称
　＊＊＊

２．確認を受けた年月日及び文書番号
　平成　年　月　日付け厚生労働省発薬生（食）第××号、平成・・・・製第○号、環保企発第△△号、整理番号（または受付番号）

３．連絡先
　担当部署：
　担当者氏名：
　電話、FAX、E-mail

－－－－－－－－－－－－－－－－－－－－－－－－－－－－－－－－－－－－－

※）２行目に記載する「同法施行令第　号」については確認通知書に記載されている同法施行令第３条第１項第１～３号のなかで該当する番号を記載してください。
　第１号：中間物
　第２号：閉鎖系等用途
　第３号：輸出専用品

※）２．の整理番号は通常中間物等の場合は○○中（出、閉）△△△△、少量中間物の場合は６桁の受付番号

【提出先】
提出先（宛名）
　経済産業省製造産業局化学物質管理課化学物質安全室　安全管理係
　　送付先住所　〒１００－８９０１　東京都千代田区霞が関１－３－１

【提出資料】
○正式文書（日付を記入し、代表者印の押印のあるもの）　３部
○確認書のコピー　１部

KEYWORD 47 中間物の申出内容変更と化学物質の廃棄

POINT **中間物等は原料から製造、廃棄に至るまで一連の流れを申出ますので、それと異なる作業は認められません。従って、書面記載内容の変更や製造物の廃棄には手続きが必要です。**

1 申出内容の変更

確認を受けた申出内容のうち、製造・輸入量の増加、使用事業者の変更など確認基準に照らし影響のある変更については、改めて確認を受ける必要があります。確認基準に照らし、影響のない軽微な変更については「新規化学物質製造（輸入）報告書」に変更内容を記載してください。

①改めて確認を受ける必要がある変更内容

・製造（輸入）予定数量の増加
・製造事業所の変更
・使用事業者及び使用事業所の変更
・輸出先国の変更
・環境放出量の増加を生じうる変更（反応経路や閉鎖系工程等の変更等）
・その他、確認基準に照らし影響がある変更

②「新規化学物質製造（輸入）報告書」による報告が可能な変更内容

・代表者の氏名の変更
・担当者の氏名の変更
・代表権移転を伴わない社名、事業所名の変更
・廃棄物処理業者の変更
・組織体制の変更
・輸入国の変更
・輸出先会社の変更
・商流の変更
・その他、確認基準に照らし影響のない変更

2 製造した化学物質の廃棄

廃棄については、通常の中間物等のほか、後述の少量中間物等についてもこの手続きが必要です。在庫等、廃棄を行う場合は、事前に下記の様式に記入の上、申出者より経済産業省製造産業局化学物質管理課化学物質安全室まで提出が必要です。

http://www.meti.go.jp/policy/chemical_management/kasinhou/todoke/shinki_chukan.html

廃棄申請書提出 → 経産省による確認連絡（メール） → **経産省確認の後に廃棄可能**

廃棄時に数量の確認要請が経産省より来ます。経産省により、実績報告を元に申出初年度からの製造・輸入数量、使用実績が集計されていますので、数量に間違いないことを確認して申出を行ってください。

KEYWORD 48

少量中間物等新規化学物質確認制度

POINT　一製造・輸入者当たり1トン以下の中間物と輸出専用品については、さらに簡便な申出方法が準備されています。ただし、閉鎖系用途については対象外です。

1 少量中間物等新規化学物質確認制度

化審法では中間物と輸出専用品につき、予定されている取扱いの方法等からみてその新規化学物質による環境の汚染が生じるおそれがないものと確認できる場合には、環境排出総量規制に代えて、一事業者あたり一年度に1トン以下の製造・輸入を認めることができ、確認の申出の受付頻度も随時できる「**少量中間物等新規化学物質確認制度**」が用意されています。この手続きは無料で随時申出ることができますので、製造した化学品が顧客によって原料として完全に別の化学物質に変換されることがわかっている場合、または化学物質が国内で使用されることなく輸出される場合には積極的に活用したい制度です。

この対象となる中間物と輸出専用品について、平成26年10月に**製造数量を年間1トンに制限**することによって申出書の添付書類をさらに簡素化し、新規化学物質による環境の汚染を防止するための措置の概要及び化学物質の管理体制の概要を記載した書面を添付した申出書等を三大臣に提出することで足りることとされました。

2 対象となる新規化学物質

・対象新規化学物質

①一事業者あたりの新規化学物質の製造・輸入予定数量が一年度に1トン以下であり、

②その新規化学物質を中間物又は輸出専用品として製造・輸入する際に環境汚染防止措置を講じる場合

この制度は中間物等の制度の改正のため、翌年度以降の確認手続きも不要です。書面作成上の注意事項やよく受ける指摘事項も中間物等の申出と共通です。書面の作成は経産省のWebサイトに記載例がいくつかのパターンを想定して公開されています。自社の申出がどのパターンに当てはまるかを検討し、**基本的には記載例をコピペして作成してください**。独自に文章を作成すると、それが指摘の原因になることがあります。

3 確認に要する期間と変更について

確認に要する期間は申出のあった日から原則として1か月以内です。1トン超の中間物申出制度の場合と同様、毎年度6月末日までに、前年度における当該新規化学物資の取り扱い状況について製造数量等の報告書を提出しなければなりません。また、従来の中間物等の制度と同じく、同じ化学物質を中間物と輸出専用品の両方に申出ることが可能ですので、この制度で合計2トン以下となります。少量新規、低生産量新規と併用することも可能ですので、用途ごとに申請を分ける工夫をして、より少ない予算でより多くの製造数量を確保する工夫を推奨します。

確認を受けた申出内容に変更が生じた場合は、改めて確認を受ける必要があります。ただし、下記に示したそれ以外の軽微な変更は、従来の中間物等同様に年度報告時に変更内容を記載して提出します。

・軽微な変更

①代表者の氏名の変更
②担当者の氏名の変更
③代表権移転を伴わない社名、事業所名の変更
④廃棄物処理業者の変更
⑤組織体制の変更（管理部長の交代など）
⑥輸入国の変更
⑦輸出先会社の変更
⑧商流の変更（直輸出から商社経由への変更など）
⑨製造（輸入予定数量の減少）
⑩環境放出量の増加を伴わない反応経路や閉鎖系工程等の変更等
⑪その他、確認基準に照らし影響のない変更

中間物等についてのよくある質問

Q 中間物等の申請を使用者として行います。申請書類には反応工程を記載しますが、その部分は申請者（製造者）に秘密にしたいと考えています。何か方法はありますか？

A 中間物等の申請書類において、機密情報保護等の観点から当該化学反応式を申出書に記載することが困難な場合には、別途、中間物等使用者（顧客）から直接各省の担当者宛に当該化学反応式を記載した資料（下記見本）を提出することが可能です。

（1ページ目）
厚生労働省　（担当部署名）
経済産業省　（担当部署名）
環境省　（担当部署名）

〇（中間物使用者）〇株式会社
〇〇部
〇〇（担当者氏名）
住所
電話番号、FAX番号、メールアドレス

化審法中間物等申請書類　様式第３別紙　機密情報保護箇所送付のご案内

拝啓　時下ますますご清栄のこととお慶び申し上げます。
このたび、〇（製造者＝申出者）〇株式会社より提出されました「（化学物質名＝申出書と一致するように）」の化学物質の審査及び製造等の規制に関する法律施行令第３条第１項第１号に基づく確認（中間物に係る事前確認）申請書類中、様式第３別紙「4. ①反応式」につきまして、使用者（〇自社の名前〇）の機密情報保護のため当該化学反応式を申出書に記載することが困難でありましたので、当該化学反応式を記載した資料を提出いたします。

敬具

同封資料
1.「4. 1. の使用する者において新規化学物質が多の化学物質となるまでの経路及び新規化学物質の予測される環境への放出量」項目における「（参考）付記」部分を記載した書面」
　3部

以上

（2ページ目）
4．1．の使用する者において新規化学物質が多の化学物質となるまでの経路及び新規化学物質の予測される環境への放出量
①反応式

（ここに機密情報となる申出に必要な情報を記載）

Q 化審法では中間物に該当するための条件として「全量が他の化学物質に変化する」こととされていますが、未反応の新規化学物質がごくわずかでも残留する場合には適用されないのでしょうか？

A 中間物を用いた反応及び精製の後に得られる成分のうち未反応成分が1％未満の場合には原則、全量変化したものとして取り扱うこととしています。

Q 化審法において、異なる事業場間で移送される中間物は、同一法人であっても事前確認の申出を行う必要はありますか？

A 同一事業者が同一事業所又は当該事業者の所有する他の施設に移送し、全量を他の化学物質に変化させる場合については、新規化学物質の製造に該当しないものとして取り扱われますので、中間物としての事前確認の申出は必要ありません。
なお、当該化学物質が、法人格の異なる他社へ譲渡提供される場合には、同一事業場内であっても中間物としての確認の申出が必要となります。

Q 新規化学物質を1バッチで20トン製造するとして、19.5トンは中間物として使用し、0.5トンを少量新規化学物質の申出をして別の用途に使うことはできますか？

A できます。ただし、数量管理をきちんと行ってください。経産省の立入検査があったときに「この量は中間物、この量は少量新規です」と明確に説明できる記録を整えておいてください。

Q 新規化学物質を国内メーカーと中国メーカーにPRしています。日中で販売となれば、

国内メーカー銘柄＝化審法少量新規（1トン以下）

中国銘柄＝化審法中間物等（輸出専用品）（数量問わず）

以上の申請が可能と考えてよろしいでしょうか？

A 国内向けに、化審法少量新規

海外向けに、化審法中間物等（輸出専用品）

で別々に数量を確保することは可能です。

Q 製造品を国内商社A社に販売。未開封のまま海外に販売する場合に化審法中間物等（輸出専用品）に該当しますか？

A 国内商社経由で海外に販売する場合

・輸出先の国名又は地域名

・国内輸出社名、代表社名、国内所在地

・輸入社名、代表社名、所在地

が申請書面に記載できれば、国内商社経由でも輸出専用品で製造者が申請できます。

Q&A 少量中間物等についてのよくある質問

Q 少量中間物等の締め切りはいつですか？

A 随時です。書類ができ次第いつでも申出できます。
審議会はありませんので、申出後１か月を目処に確認が出ます。

Q 提出書類はこれまでの中間物等同様に「案」を提出するのですか？

A この手続きは申出ですので、提出資料は正式文書（日付記入・代表者印押印ずみ）を３部です。「案」を当局に送って確認を受ける必要はありません。

Q 複数国に輸出する予定がある場合も１回の申出でよいですか？

A 輸出専用品の「6．国名」には複数国を列挙してください。この場合「8．輸入者」欄は不確実な輸入者は記入しなくてもよいです。

Q 輸出専用品において、数量報告時に軽微な変更として事後報告できる輸出先情報について教えてください。

A 「⑤輸出先会社の変更」は輸出先会社の追加も軽微な変更と認められますので、数量報告時に事後報告となります。輸出国の変更・追加は軽微な変更とは認められませんので、再度申請をやり直すことになります。

Q 低生産量新規と併用できますか？　少量新規と併用できますか？

A できます。中間物等の制度を改正するものであり、他の確認数量に影響しないものとされています。

Q 輸出専用品で申請した化学物質は国内販売できなくなるのですか？

A そのように扱われることはありません。

Q 輸出専用品のためだけに１バッチ製造しなければなりませんか？

A 10トン製造して、そこから１トン分け取って輸出専用品扱いにすることもできます。

Q 同一物質を中間物と輸出専用品の両方に１トンで申出て合計２トンの確認を受けることはできますか？

A できます。

Q 閉鎖系用途も簡易化された資料で申請できますか？

A できません。

閉鎖系用途は環境排出を三省が精査する必要があるため、計算式等を記載した書類で中間物等の申請をしてください。

Q 高分子の場合は？

A 高分子も中間物の要件を満たせば少量中間物等の申出が可能です。

Q 少量中間物申請で製造していて、年間１トンを超えそうな場合の対応は？

A 従来の中間物等の確認制度に基づき改めて確認を受ける必要があります。この確認が受けられるまでは、１トンを超えて中間物として製造することはできません。

Q 当該新規化学物質を中間体として使用して製造していた最終化学物質が変更となった場合の対応は？

A 改めて確認を受ける必要があります。

Q 中間物から輸出専用品に用途変更できますか？

A できません。

両者は確認内容が異なるため、変更手続きはありません。輸出専用品として新規化学物質を製造する前に、改めて確認を受ける必要があります。

Q 軽微な変更に含まれない変更はどのようなものですか？プロセスフローが変わった場合の対応は？

A 製造・輸入量の増加、使用事業者の変更、環境汚染防止措置の概要など環境への放出量に影響がある変更等が該当し、再申請となります。

それ以外の軽微な変更は、年度報告時に事後報告します。プロセスフローは少量中間物ではそもそも確認を受けませんので、環境汚染防止措置の概要に変更がなく当該基準を上回らない限り（社内で確認し査察に備え記録を残しておく）、変更があっても報告は不要です。

Q 少量中間物等は毎年申請ですか？

A 一度確認を受ければ期限はありません。

Q 立ち入り検査の対象ですか？

A 対象です。

「中間物等に係る管理の際の注意点及び立入検査の実施状況等について（お知らせ）」（平成22年9月1日）をご確認ください。

https://www.env.go.jp/chemi/info/tb/100901jokyo.pdf

Q 中間物を販売した先で重要なことは？

A 販売した化学物質が化学反応によって全量別の化学物質に変化しなければなりません。もとの物質の残存は1%未満です。また、環境中排出も1%未満でなければなりません。少量中間物では数量計算は不要ですが、実績報告で1%未満だったことを宣言させられます。

Q 1社1トンの範囲は？　グループ会社は？

A 申出社で年間1トンです。

グループ会社も法人単位でそれぞれ年間1トンです。

Q 少量中間物として確認を受けた化学物質を販売せず廃棄したいのですが。

A 廃棄については、通常の中間物と同じ手続きが必要です。137ページを参照してください。

コラム　製造の外部委託の管理について

化審法は製造者・輸入者に課せられた法律です。化学反応を伴う物質の製造を他社に委託した場合は、化審法対応を行うのは実質的に化学反応を伴っている製造を行う者です。

○化審法少量新規

少量新規化学物質の申出で得られた自社確認数量を委託先に譲渡することはできません。新たに委託先で少量新規化学物質の製造輸入を行おうとする場合は、別途、委託先において少量新規化学物質の申出をして、確認を受ける必要があります。確認数量は全国で環境排出年間1トンの縛りがありますので、新たに申出を行っても、必要量確保できる保証はありません。

○化審法低生産量新規、化審法通常新規（高分子フロースキーム含む）

低生産量新規、通常新規いずれも製造者が届出なければなりませんので、委託先が対応することになります。ですが、これらの届出には「同一物質の届出」という制度が用意されています。どういう時に役立つ制度かといえば、

①自社で届出済みの物質の製造を外部委託に切り替える

②化審法対応のノウハウや費用的な点から自社で委託先の法対応を支援しなければならない

などです。

①の場合は自社で持っている通知書（のコピーやpdf）を委託先に提供することによって、試験や審議をすべて省略して委託先が通知を受け取ることができます。ただし、低生産量新規については当該年度に環境排出国内年間10トンの枠が埋まっている場合は委託先はその年は製造することができません。翌年度の数量申出を提出して以降の製造となります。確認数量を譲渡することはできません。

②の場合は実際に製造するのは委託先だけれど、自社が届出を行いその際に委託先を連名で提出するという方法です。この方法であれば、委託先には何の対応も求めずに自社側ですべての対応を行って委託製造を開始することが可能です。

○製造輸入量等届出手続き

製造を第三者に委託している場合、委託先より数量届出を行うことになります。

第八章

化審法に基づく日常管理

化審法は、これまで紹介した「新規化学物質」の事前申請だけをしていればよい法律ではありません。新規化学物質の登録後管理はもちろん、既存化学物質と呼ばれる、申請不要で製造・輸入可能な物質についても、ひとたび製造や輸入を実施すれば管理や報告が必要となります。この章ではそれらをまとめて紹介します。

KEYWORD

49 有害性の報告義務

POINT　届出、申出を行った化学物質について、その後新たな有害性に関する知見を得た場合、その知見が化審法で定められた範囲に合致すれば、有害性情報を届出る義務があります。（第四十一条）

1　有害性報告義務の対象

製造・輸入する化学物質について、法で定められた有害性に関する知見を得た場合は、行政へ報告する義務があります。化審法で通知を入手した後であっても、難分解性、高蓄積性、人や動植物への毒性のような一定の有害性を示す情報を入手した場合は、**知見を入手した日から60日以内**に経産省へ報告しなければなりません。対象となる化学物質の分類は下記の通りですが、すべての化学物質と考えてください。

　優先評価化学物質、監視化学物質、第二種特定化学物質、
　一般化学物質、少量新規化学物質、低生産量新規化学物質、
　低懸念高分子、審査後公示前新規化学物質

対象となる情報とは下記のようなもので、non-GLPの試験で得た知見であっても対象となります。

- 化審法の定めに基づき行われた試験（分解性、蓄積性、慢性試験など）
- 海外法令対応のために行われたOECDガイドラインに基づく試験など
- 何らかの目的において実施された人や環境への慢性毒性評価を行ったのと同等の試験

たとえば、化審法低生産の確認を受けた物質について後続試験（通常新規に移行するための追加試験）を実施して生物に影響が現れた場合などが該当します。届出に先行して実施された試験では、試験報告書が発行され**化審法の届出までは60日を越えますので届出に先立って報告を行わなければ違反**となります。

2 報告義務が発生するケースと対象となる知見

行政へ報告する必要がある場合	報告対象となる知見
①公知でない知見を既に社内に有している場合（努力義務） ・優先評価化学物質、監視化学物質及び第二種特定化学物質が対象。 ・罰則なし。	・物理化学的性状（融点・沸点等） ・分解性（光分解性・加水分解性等） ・蓄積性（生物濃縮性等） ・人への毒性等（慢性毒性、催奇形性、薬理学的特性等） ・動植物への毒性等（植物、鳥類・魚類への影響等） ・その他毒性学的に重要な影響 （化学変化を生じやすいものにおいては、生成物が上記に当たる場合は、その知見を含む）
②新たに試験等を行い、有害性に関する知見を得た場合（義務） ・一般化学物質、優先評価化学物質、監視化学物質及び第二種特定化学物質等が対象。 ・罰則あり。	1）難分解性を示す知見 （微生物等の分解度試験で難分解のもの） 2）高蓄積性を示す知見 （魚介類の濃縮度試験で高濃縮性のもの等） 3）人の健康への長期毒性を示す知見 （慢性毒性、催奇形性試験等） 4）動植物への毒性を示す知見 （水生植物への毒性、鳥類の繁殖への影響等） 5） 容易に化学変化を生ずるが、生成物が上記に該当する場合、それらの知見
③行政が提出を求める場合 ・優先評価化学物質が対象であり、リスク評価を行う際に用いる。 ・罰則なし。	1）物理化学的性状に関する試験成績 2）分解性に関する試験成績 3）蓄積性に関する試験成績 4）人の健康への影響に関する試験成績 （28日間反復投与毒性試験、Ames試験、染色体異常試験等） 5）生活環境動植物への影響に関する試験成績 （藻類生長阻害試験、ミジンコ急性遊泳阻害試験、魚類急性毒性試験）

④行政から情報の調査指示がある場合 ・監視化学物質及び優先評価化学物質が対象であり、第一種又は第二種特定化学物質に該当するかどうかの判断に用いる。 ・罰則あり。	調査指示項目 1）人の健康への影響についての調査（がん原性、催奇形性、慢性毒性、変異原性等） 〈監視化学物質の場合〉 2）高次捕食動物への影響についての調査調査（鳥類繁殖試験、ほ乳類生殖能・後世代影響試験） 〈優先評価化学物質の場合〉 2）生活環境動植物への影響についての調査（藻類生長、ミジンコ繁殖、魚類生息等）

※詳細は「有害性情報の報告に関する省令」2019年7月1日改正参照

3 報告が必要となる閾値

知見の種類	届出の対象となる試験結果
生分解性	易分解性でないもの
蓄積性	生物濃縮係数が1,000 以上 Log Pow が 3.5以上
ヒト健康有害性	反復投与毒性試験で無影響量が300mg/kg/day以下 毒性学的に重要な変化の出現 生殖毒性、催奇形性、変異原性、発がん性が見られたもの
生態毒性	藻類、ミジンコ、魚毒でLC50、LD50が 10mg/L 以下 慢性毒性の無影響量が 1mg/L 以下

場合によっては、化審法届出準備のため入手した有害性情報で当該化学物質に報告が必要な有害性があることに気づくこともあると思います。その場合は「様式第一（第二条関係）」又は「様式第二（第四条関係）」の有害性情報報告書のみを提出します。試験報告書、有害性情報の内容を示す書類等の添付を省略できる制度です。いずれにしても、書類を経済産業省製造産業局化学物質管理課化学物質安全室に郵送して届出は完了です。受理通知などはありません。

第四十一条（有害性情報の報告等）

優先評価化学物質、監視化学物質、第二種特定化学物質又は一般化学物質（以下「報告対象物質」という。）の製造又は輸入の事業を営む者は、その製造し、又は輸入した報告対象物質について、第四条第五項に規定する試験の項目又は第十条第二項若しくは第十四条第一項に規定する有害性の調査の項目に係る試験を行つた場合（当該試験を行つたと同等の知見（公然と知られていないものに限る。）が得られた場合を含む。）であつて、報告対象物質が次に掲げる性状を有することを示す知見として厚生労働省令、経済産業省令、環境省令で定めるものが得られたときは、厚生労働省令、経済産業省令、環境省令で定めるところにより、その旨及び当該知見の内容を厚生労働大臣、経済産業大臣及び環境大臣に報告しなければならない。ただし、第十条第二項又は第十四条第一項の規定による指示に係る有害性の調査により当該知見が得られた場合において、これらの規定によりその内容を報告するときは、この限りでない。

一　自然的作用による化学的変化を生じにくいものであること。

二　生物の体内に蓄積されやすいものであること。

三　継続的に摂取される場合には、人の健康を損なうおそれがあるものであること。

四　動植物の生息又は生育に支障を及ぼすおそれがあるものであること。

五　報告対象物質が自然的作用による化学的変化を生じやすいものである場合には、自然的作用による化学的変化により生成する化学物質（元素を含む。）が前各号のいずれかに該当するものであること。

KEYWORD

50 一般化学物質数量届出

POINT **少量新規化学物質などの年間数量を次年度に申出る制度で、規制されていない一般化学物質については、毎年度数量を報告する義務があります。既存化学物質も対象ですので注意が必要です。**

1 一般化学物質数量届出とは

本書ではこれまで新規化学物質の申請を説明してきましたが、新規化学物質以外は野放しの放置状態かといえばそうではありません。新規化学物質に該当しなければ、事前の申請を行わなくても誰でも製造・輸入できるものの、1年間（4月～翌3月）にどれだけの数量を製造・輸入したかを1年に1度取りまとめて報告する義務があります。これを**数量届出**といいます。正式名称は「一般化学物質、優先評価化学物質及び監視化学物質の製造数量等届出」です。ここで届けられた用途や数量の情報は三省によるリスク評価に使用されます。

ここで届出が必要な**一般化学物質**とは何か、といえば化審法第2条第7項において定められており、新規公示物質、既存化学物質名簿に収載された物質、旧第二種・第三種監視化学物質、優先評価化学物質の指定を取り消された物質とされています。また、**届出不要物質**が毎年定められ、経産省のWebで公表されます。公表されたリストに収載された物質については何も対応は必要ありません。

http://www.meti.go.jp/policy/chemical_management/kasinhou/about/substance_list.html

数量報告の対象期間：前年度4月1日～3月31日分
届出受付期間　　　：次年度4月1日～
書面による届出の人→6月30日まで
電子申請、CD-Rによる届出の人→7月31日まで

2 一般化学物質数量届出対象

数量届出の対象となるのは**前年4月1日から届出年3月31日まで**の間に1トン以上製造・輸入した「届出不要物資とを除いた一般化学物質」「自社で通常新規化学物質の届出を行い、判定済みかつ未公示の新規化学物質」です。化審法数量届出は、既存、新規に係らずあらゆる化学物質が対象です。「古くから一般的に広く流通している化学物質なので自社に数量届出は関係ないと思っていた」ということのないよう、リストアップすることが必要です。自社輸入品も数量届出の対象です。商社が輸入者の場合は商社が数量届出を行います。

化学反応で作り出されたものであっても、それを商品としておらず、廃棄物処理業者が廃掃法に基づき処分している廃棄物は対象ではありません。

3 届出不要物質

届出不要物質は次の通りです。

- ・化審法数量届出不要物質リスト収載物質
- ・自社内中間物
- ・試験研究用途
- ・薬機法・肥料取締法など他の法令で規制されている物質
- ・化審法少量新規、化審法低生産量、化審法低懸念高分子(高分子フロースキームは数量届出対象です)

リスト類は毎年更新されますので、届出ごとに最新のリストを経産省のWebサイトで確認してください。また届出書式も2019年に改訂されました。

4 2019年からの新書式と注意点

一般化学物質、優先評価化学物質の共通部分は、以下です。

様式第11(第9条の2第2項関係)一般化学物質製造数量等届出書 様式第12(第9条の3第2項関係)優先評価化学物質製造数量等届出書 提出日(西暦)　〇年〇月〇日　※日付の記入が西暦に変更になりました。

あて先　　　　　経済産業大臣　殿
1．届出者の氏名・住所
①届出者の氏名又は名称及び法人にあつては、その代表者の氏名
②法人番号
　※法人番号の記載が追加され、届出者等コードは廃止されました
③担当部署、担当者氏名及び連絡先
　担当部署
　担当者氏名
　電話番号
　メールアドレス

5 一般化学物質の届出情報（4の続き）

2．製造数量、輸入数量及び出荷数量
(1) 化学物質名称等
④製造・輸入した一般化学物質の名称と番号
　未公示の新規化学物質を届出る場合は、物質名称欄に判定通知書の物質名称を記載することになりました。
　物質名称
　CAS登録番号
⑤製造・輸入した一般化学物質に対応する官報公示名称と官報整理番号
　未公示の新規化学物質を届出る場合は、[官報整理番号1]欄に右詰めで新規化学物質に関する審査の処理番号（7桁）を記載することになりました。
⑥製造・輸入した一般化学物質が法第11条（第2号ニに係る部分に限る。）の規定により優先評価化学物質の指定を取り消された化学物質に該当する場合は優先評価化学物質であったときの物質管理番号
　※この番号は届出書作成支援ソフトでCAS登録番号か官報整理番号を入力すると自動で表示されます。
⑦高分子化合物の該当の有無（該当する場合は○印を記入）

(2) 製造数量、輸入数量及び出荷数量（単位：t）

西暦○○○○年度実績値　※日付の記入が西暦に変更になりました。

年度計

⑧製造・輸入合計数量（t）　※年度合計数量記入欄新設

（四捨五入前の製造・輸入合計数量が1.0t 以上の場合は届出の対象となります）

⑨製造数量（t）

⑩輸入数量（t）

⑪出荷数量（t）

⑫用途番号　※用途番号が3桁になりました、最新の用途番号表で確認してください。

⑬具体的用途

出荷数量合計（t）

備考

○届出対象物質に関して得られた新たな知見及びその製造、用途、輸入等の状況について参考となる事項を記載した書類を添付することができる。

○届出対象物質に関しての構造・組成について参考となる事項を記載した書類を必要に応じて添付すること。　※一般化学物質と優先評価化学物質については、前年度中に国が公表した物質リストに掲載された化学物質の製造数量等の届出を行う場合は、構造・組成について記載した資料（記載様式は国より提示）を添付することとなりました。資料は物質毎に様式が用意されていますので経産省のWebサイトからダウンロードして内容を記載して届出します。平成31年度届出（平成30年度実績分）は7つの一般化学物質が該当しています。
http://www.meti.go.jp/policy/chemical_management/kasinhou/information/kouzou_sosei_tempusyorui.html

○⑧～⑪届記入単位はtとして、有効数字を1桁として記入すること。若しくは、小数点以下を四捨五入の上、実数で記入すること。

※製造数量、輸入数量、出荷数量は、従前通り有効数字1桁のほか、実数のままでもよいことになりました。（一般化学物質のみ変更、優先評価化学物質は改訂前より実数のみ）

6 優先評価化学物質の届出情報（4の続き）

2．製造数量、輸入数量及び出荷数量
（1）化学物質名称等
④優先評価化学物質の官報公示名称と番号
　官報公示名称
　物質管理番号
　官報整理番号1
⑤優先評価化学物質の官報公示名称と番号
　製造・輸入した化学物質が優先評価化学物質の官報公示名称と一致する場合は記載不要。
　物質名称（たとえば、官報公示名称が「キシレン」で実際に製造・輸入した物質が「p－キシレン」ならば、製造・輸入した化学物質が優先評価化学物質の官報公示名称と一致しないことになり、この欄への記入が必要です）
　CAS登録番号
⑥高分子化合物の該当の有無（該当する場合は○印を記入）
（2）製造数量及び輸入数量（単位：t）
　西暦○○○○年度実績　※日付の記入が西暦に変更になりました。
⑦製造・輸入合計数量（t）　※年度合計数量記入欄新設
　（四捨五入前の製造・輸入合計数量が1.0t以上の場合は届出の対象となります）
⑧製造数量（t）
⑨輸入数量（t）
3．化学物質の製造等
（1）製造した事業所名及びその所在地
（2）当該化学物質を製造した都道府県別製造数量又は輸入した国・地域別輸入数量
⑩都道府県番号
⑪製造数量（t）
⑫国・地域番号

⑬輸入数量（t）
（3）都道府県別（又は国・地域別）及び用途別出荷数量
　　都道府県又は国・地域番号
⑭出荷数量（t）
⑮用途番号
　※用途番号が3桁になりました、最新の用途番号表で確認してください。
⑯具体的用途
　出荷数量合計（t）

備考
○届出対象物質に関して得られた新たな知見及びその製造、用途、輸入等の状況について参考となる事項を記載した書類を添付することができる。
○届出対象物質に関しての構造・組成について参考となる事項を記載した書類を必要に応じて添付すること。
　※一般化学物質と優先評価化学物質については、前年度中に国が公表した物質リストに掲載された化学物質の製造数量等の届出を行う場合は、構造・組成について記載した資料（記載様式は国より提示）を添付することとなりました。資料は物質毎に様式が用意されていますので経産省のWebサイトからダウンロードして内容を記載して届出します。平成31年度届出（平成30年度実績分）は3つの優先評価化学物質が該当しています。
　http://www.meti.go.jp/policy/chemical_management/kasinhou/information/kouzou_sosei_tempusyorui.html

数量届出はe-Govによる電子申請、CD-Rに届出書を書き込んで申請、紙の書類で申請、の3通りの申請方法が用意されていますが、化学品管理業務の合理化、IT化を進めるうえでもe-Gov電子申請システムを使用するべきでしょう。いずれにしても経産省が用意している「届出書作成支援ソフト」でデータを作成します。書面で届出をする会社もこのソフトを使用してデータを作成してください。記載内容のエラーチェックができます。ソフトは下記からダウンロードできます。
http://www.meti.go.jp/policy/chemical_management/kasinhou/mensekijikou.html

数量届出についてのよくある質問

Q 高分子の既存扱いで製造したブロック重合物とグラフト重合物はどのような届出になりますか？

A 一般化学物質の届出、優先評価化学物質の届出ともに、新規化学物質とは取り扱わないブロック重合物・グラフト重合物は、1つの化合物として取扱うため、1件の届出としてください。ブロック重合物を構成する単位重合物及び重合様式が同じであれば、単位重合物の重合度が異なるものについても同一の化合物として届出してください。

Q 誰が届出を行いますか？

A 届出対象物質を製造又は輸入した事業者です。

Q 報告する製造・輸入期間を教えてください。

A 前年度の4月1日から3月31日に製造・輸入された届出対象物質について数量等の情報を報告します。

Q 同一物質につき製造0.8トン、輸入0.4トンの場合はどのような対応が必要でしょうか。

A 合計が1.2トンなので、それぞれ四捨五入して製造1トン、輸入0トンの届出が必要です。

Q 2月に10トン製造し、3月に出荷したところ年度をまたいで次年度の4月に8トン返品された場合、届出書にはどのように記載し報告するのでしょうか？　さらに返品された製品を別用途で5月に4トン出荷した場合、どのように報告するのでしょうか？

A まず化審法における年度は4月1日～翌3月31日です。数量届出は年度単位でトータル出荷量を届出することになっています。従って、届出書の出荷量は10トンとなります。なお、同一年度内の返品であれば、差し引いた数量を記載します。また、返品が年度をまたいだ場合、返品分を製造年度の届出書に反映する必要はありません。再出荷した次年度に製造量0トン、出荷量4トンを報告します。

Q エステル交換で生成したメタノールを含む廃液を有償販売しています。この場合、メタノールは製造物として数量報告の対象物質に該当しますか？　原料に購入したメタノールを使用しており、物質収支ではメタノールを作り出したことにはなっていません。

A 原料のメタノールが化学反応によりいったん別物質となり、その後さらに別の反応によりメタノールが生成していますので、新たにメタノールを製造した扱いになります。従って、生成したメタノールは製造数量等の届出の対象となります【図35】。なお、メタノールは優先評価化学物質に指定されていますので、優先評価化学物質の届出様式を使用して届出を行ってください。

図35　原料Aが反応により再び生成された場合は届出対象となる

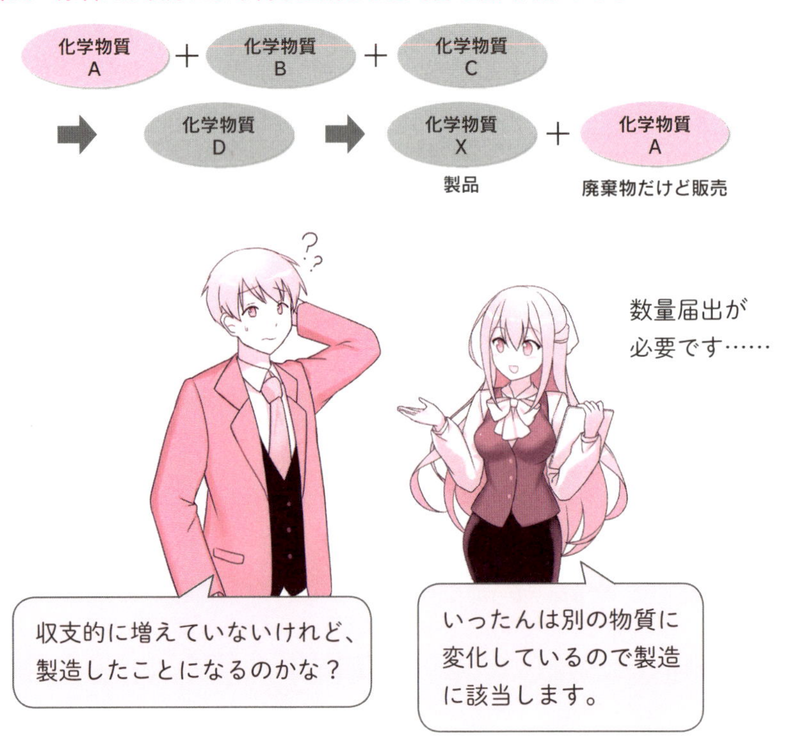

Q 通常申請と、少量新規及び／又は低生産量との複数を行っている場合の数量はどうなりますか？

A この場合、少量新規及び／又は低生産量で製造を行っていた期の途中で通常新規の判定通知を受領した、ということになるかと思います。その場合、判定通知を受領した日（書類に記載された日付とは異なります）以降に化学反応を開始した数量についてのみ届出を行ってください。年間の製造数量から少量新規及び／又は低生産量の確認数量によって製造した分を差し引いて届出ることになります。

Q 今年の6月13日に高分子フロースキームで5号判定（白公示化学物質）を受けました。このポリマーは製造数量等届出の対象でしょうか？

A 高分子フロースキームで第5号判定を受けたポリマーは製造数量等届出の対象です。また、判定より前に少量新規などで製造していた場合は、それらの事前確認による製造数量は届出数量に含めませんので、第5号判定の受領日を確認し、その日以降（受領日も含む）に化学反応を開始した製造数量についてのみ翌年度に届出をしてください。

Q ある添加剤を国内メーカーから調達（100トン）と輸入（50トン）があった場合、輸入分が届出対象となるかと思います。ところが、ローリーからタンクに投入されて両者が混ざるため、輸入分からどれだけが出荷になるか、両者の使用量と用途について区別できません。この場合、用途別出荷量の把握は可能なので、それを国内メーカー調達分と輸入分の調達量の比率に応じた配分とする……、たとえば、用途Aで30トン出荷した場合、その用途は10トン分を報告するのでよいですか？

A 国内購入品と輸入品の割合が正確にわからない場合、それぞれの量の按分配分で記載して構いません。上記例の場合、届出対象である輸入品の出荷量は10トンとなります。

Q たとえば30％水溶液が製造物だった場合、製造数量を届出る場合には水溶液の重量での製造数量になりますか？

A 数量の報告は水分を引いた実化学物質の製造数量に換算して提出してください。

Q 一般化学物質Aを製造した後に酸で中和してから出荷する場合、届出を行うのは一般化学物質Aなのか、それとも中和後の一般化学物質Aの塩のどちらになりますか？

A pH調整も化学反応に該当しますので、届出を行う物質はpH調整後の「一般化学物質Aの塩」となります。届出は塩として1化学物質（1届出用紙）としてください。

Q 有機化合物の付加塩にCAS番号が存在し塩の構成成分の片方が届出不要物質の場合、届出書はどのように記載すればよいですか？

A 塩を構成する片方の成分が届出不要物質であっても、届出単位は塩での届出になりますので、届出不要塩成分についても記載が必要です。塩を構成しているすべての成分が届出不要物質の場合に限り、届出は不要です。

Q 工場の閉鎖に伴い、これまでは廃棄していた化学物質を有価物として売却することになりました。数量届出はどうすればよいですか？

A 有価物ですので適切に届出が必要です。工場で廃棄物を貯蔵していて一括販売処分する場合、過去にさかのぼって数量届出を提出する必要がある場合もあります。あらかじめ経産省への相談が必要です。

Q 前年度製造数量の届出ですが、届出不要物質かどうかの判断がよくわからないので念のために届出てもいいですか？

A 届出不要物質は届出てはいけません。該当するか否かを十分に確認して対応してください。経産省担当者から「毎年届出不要物質が多数届けられていて事務量が増加し困っている」とのコメントが出ています。届出不要物質を安易に届出ると、法遵守にルーズな要注意会社として認識される可能性も否定できません。

数量報告は届出不要物質の照合が大変だなぁ。念のために全部出しておくか。

ちょっと、それはだめよ。行政の負担を増やすだけだし、『私たちの会社は化審法に無知です』って看板を出すようなものだわ。
すべての出荷品をリストアップして、すべてについて確認するのよ。IT化の推進も考えてね。最近は化審法に対応したパッケージソフトもあるわ。

KEYWORD

51 輸入における化審法対応

POINT **化審法は製造と輸入する者を規制する法律です。輸入に際してはこれまで述べた手続きのほかに通関に関する手続きが必要となります。通関業者が行いますが、仕組みは把握しておかなければなりません。**

1 化審法で規制対象となる物質を輸入する場合

既存化学物質、公示化学物質又は監視化学物質を輸入する場合にも、次のような化審法への配慮が必要です。

- **既存化学物質**を輸入する際には官報告示の類別整理番号を輸入申告書又はインボイスに記入する
- **名称公示化学物質**を輸入する際には官報告示の通し番号及び類別整理番号を輸入申告書又はインボイスに記入する
- 名称が公示された**監視化学物質**、**優先評価化学物質**を輸入する際には、官報告示の通し番号及び類別整理番号を輸入申告書又はインボイスに記入する

新規化学物質を輸入する場合は特に注意が必要です。化審法の対象は製造・輸入ですので、新規化学物質を輸入する場合は、物質の種類や輸入量に応じて**事前に**国内生産同様の化審法申請を行い、審査又は確認を受ける必要があります。そのうえで、通知を受けた新規化学物質については、通知書の写しを輸入申告の際に提出してください。ただし、当該新規化学物質の名称が公示された後においては、通知書の写しは必要なく、上記の**名称公示化学物質**の輸入手順に従ってください。

2 試験研究用途

試験研究用又は試薬として用いられる新規化学物質については、輸入申告に係る化学物質は試験研究用又は試薬として輸入するものである旨の書類（右ページ）を作成し、税関に提出してください。税関提出は通関業者が対応します。この書類は写しでかまいませんので、通関業者にFAX又

はメール添付などで送付してください。

様式第２

化学物質の審査及び製造等の規制に関する法律に係る
輸入新規化学物質用途確認書（試験研究用又は試薬用）

年　　月　　日

□□税関長　殿

氏名又は名称及び法人にあ
つては、その代表者の氏名

住　所

今般の輸入申告に係る｛輸入（納税）申告書に記載した名称｝は、

｛ 試験研究用
　 試薬 ｝

として輸入するものに相違ありません。

担当者氏名
電話番号

備考
1．用紙の大きさは、日本産業規格Ａ４とする。
2．｛　　｝は、該当する事項を記載すること。

※この書式のワードファイルは、以下の経産省Webサイトから提供されています。
http://www.meti.go.jp/policy/chemical_management/kasinhou/todoke/import.html

3 中間物等

中間物等新規化学物質は確認通知書の写しを輸入申告の際に提出してください。

4 少量新規

少量新規化学物質は、少量新規化学物質確認通知書の写し及び当該年度における輸入・製造に係る累積数量が当該確認通知書の写しに記載された数量以下である旨の書類（右ページ）を輸入申告の際に提出してください。これも写しでかまいません。また、低生産量新規化学物質は低生産量新規化学物質確認通知書の写し及び当該年度における輸入・製造に係る累積数量が当該確認通知書の写しに記載された数量以下である旨の書面（少量新規と共通）を、輸入申告の際に提出してください。これも写しでかまいません。

5 低懸念ポリマー

低懸念ポリマーは、高分子化合物確認通知書の写しを輸入申告の際に提出してください。

インボイスには化審法名称が記載されていることが望ましく、無用なトラブルを回避するベストな方法ですが、商品名のみ書かれている場合など、書面に記載された化審法名称とインボイス等の名称に不一致がある場合は、輸入できないこともあります。その場合は提出書類に記載を追加して、法対応との関係を明らかにしてください。

様式第３

化学物質の審査及び製造等の規制に関する法律に係る
輸入新規化学物質累積数量確認書
（少量新規化学物質又は低生産量新規化学物質用）

年　　月　　日

□□税関長　殿

氏名又は名称及び法人にあ
つては、その代表者の氏名

住　所

今般の輸入申告に係る｛輸入（納税）申告書に記載した名称｝の、受付コード、今年度の製造・輸入に係る累積数量及び今年度輸入回数は次のとおりです。

受付コード	今回の輸入を含め今年度の輸入に係る累積数量	今年度の製造に係る累積数量	今年度の輸入に係る累積数量と製造に係る累積数量の合計	今年度の輸入回数
	kg	kg	kg	回

上記の累積数量は、厚生労働大臣、経済産業大臣及び環境大臣の
｛少量新規化学物質
低生産量新規化学物質｝
確認通知書に記載された製造・輸入数量以下であることを報告します。

担当者氏名
電話番号

備考
1．用紙の大きさは、日本産業規格Ａ４とする。
2．｛　　｝は、該当する事項を記載すること。

※この書式のワードファイルは、以下の経産省Webサイトから提供されています。
http://www.meti.go.jp/policy/chemical_management/kasinhou/todoke/import.html

KEYWORD
52 立ち入り検査

POINT **化審法では立ち入り検査が条文に定められています。立ち入り検査対象となった通知を受けた場合は、営業や製造など各部門が連携して必要な書類を取りまとめ、誠意を持って対応しなければなりません。**

1 化審法立ち入り検査等とは

化審法では法律の施行に必要な限度において、製造業者事業所に立ち入って、申請資料や製造記録などの資料を検査したり、関係者に質問したり、試験のために当該化学物質を持ち帰ったりすることがあることが定められています。立ち入り事業所は製造現場だけでなく、東京などにある本社の場合もありますが、いずれにしても製造から出荷まで一連の資料が立ち入り検査の対象となるため、対象化学物質に関する関連資料一式、ならびに関係者一同を立ち入り事業所に集めておく必要があります。

2 立ち入り検査の対象となる物質

具体的には、下記の物質が立ち入り検査の対象となります。

- **新規化学物質のうち、中間物等、少量新規化学物質、高分子化合物、低生産量化学物質**
- 第一種特定化学物質、第二種特定化学物質

3 立ち入りの実際

化審法に基づく立ち入り検査においては、1週間以上前に日時ならびに対象届出・申出の事前連絡があるために、準備の時間を確保することが可能です。**中国の同種法令では午前中に連絡があり、午後に立ち入られることもあります**ので、それに比べれば良心的ともいえますが、逆に、完璧な準備をしておく必要があります。

監査箇所は本社である場合、製造現場である場合、両方の可能性がありますが、本社部門の場合は書類検査のみであるのに対し、製造現場である

場合は、製造装置の確認も併せて行われるケースが多いようです。立ち入り検査の連絡を受けた場合には、直ちに十数人の人員と関連する多くのファイル類を十分に展開できる広さのある会議室を確保し、検査対象の原料購入から販売まで、詳細な数量の把握ができる資料一式を準備します。たとえ、本社部門への立ち入りであっても、製造日報等もすべて製造現場から本社部門へ移し、製造の責任者、販売の責任者、本社部門の責任者と実務を習熟している担当者が同席しておかなければなりません【図36】。なお、当局からは6名程度が来所するようです。

一連の書面や現場の検査を行ったのち、検査官より多くの質問が出されます。その場での回答が必要ですので、関係者は事前に資料内容について十分に理解しておかなければなりませんし、資料不足が発生することもありますので、関連部署すべてに1名は当日臨機応変に動ける人員を配置しておき、立ち入り検査個所からの資料運搬、あるいは検査官用資料のコピー、メール送信などに迅速に対応できる体制を整えておく必要があります。

当日どうしても回答できなかった点については、後日文書で回答することになります。また、当局の質問内容は今後の法令遵守を考えたり、社内教育を行ったりする際の有用な資料となりますので、製造に直接タッチしていない本社部門などから議事録専任の人を割り当てることも重要です。なお、昼食等の準備（接待）は禁止です。

図36　立ち入り検査風景

KEYWORD

53 罰則の概略

POINT 法律ですので罰則がなければ守らないというのは言語道断ではありますが、実際には現場から「それは罰則があるのですか」という質問を受けることも多いので、各条項の罰則をまとめます。

条	内容	罰則
第一条	化審法の目的	なし
第二条	用語の定義	なし
第三条	新化学物質を製造等行う際の届出義務 届出対象外の化学物質	一年以下の懲役又は五十万円以下の罰金、又はこれを併科。また、法人については、五千万円以下の罰金。
第四条	三大臣による審査の手続き	なし
第五条	低生産量新規の定義	なし
第六条	新規化学物質の届出をした場合は判定結果の通知を受けた後でなければ製造・輸入できない	一年以下の懲役又は五十万円以下の罰金、又はこれを併科。また、法人については、五千万円以下の罰金。
第七条	国外製造者の化審法手続き	なし
第八条	一般化学物質等に関する数量等届出義務	二十万円以下の過料。
第九条	優先評価化学物質に関する数量等届出義務	三十万円以下の罰金。
第十条	優先評価化学物質に係る有害性調査指示の手続等	一年以下の懲役、又は五十万円以下の罰金、又はこれを併科。法人については、五十万円以下の罰金。
第十一条	優先評価化学物質の指定の取消し	なし

第十二条	優先評価化学物質を他の事業者に対し譲渡等するとき、名称等の情報をあわせて提供する努力義務	なし
第十三条	監視化学物質に関する数量等届出義務	三十万円以下の罰金。
第十四条	監視化学物質に係る有害性の調査	一年以下の懲役又は五十万円以下の罰金、又はこれを併科。法人については五千万円以下の罰金。
第十五条	監視化学物質の指定の取消し	なし
第十六条	監視化学物質を他の事業者に対し譲渡等するとき、名称等の情報をあわせて提供する努力義務	なし
第十七条	第一種特定化学物質の製造の事業を営もうとする場合には、経済産業大臣の許可を受けなければならない	三年以下の懲役又は百万円以下の罰金、又はこれを併科。また、法人については、一億円以下の罰金。
第十八条	第一種特定化学物質を製造することがきできる者の範囲の定義	三年以下の懲役又は百万円以下の罰金、又はこれを併科。また、法人については、一億円以下の罰金。
第十九条	第一種特定化学物質の製造の事業の許可を受けようとする者の人的要件の定義	なし
第二十条	大臣が第一種特定化学物質を許可する際の基準	なし

第二十一条	第一種特定化学物質許可製造者の許可申請事項の変更の許可と届出	六月以下の懲役若しくは五十万円以下の罰金、又はこれを併科。 又は、二十万以下の過料。
第二十二条	第一種特定化学物質の輸入は経済産業大臣の許可制のもとに置く旨及び許可申請の際の申請書に記載すべき事項	三年以下の懲役又は百万円以下の罰金、又はこれを併科。 また、法人については、一億円以下の罰金。
第二十三条	第一種特定化学物質輸入の許可基準	なし
第二十四条	第一種特定化学物質が使用されている製品の輸入の制限	三年以下の懲役又は百万円以下の罰金、又はこれを併科。 また、法人については、一億円以下の罰金。
第二十五条	第一種特定化学物質の使用用途の制限	三年以下の懲役又は百万円以下の罰金、又はこれを併科。 また、法人については、一億円以下の罰金。
第二十六条	第一種特定化学物質の使用についての事前届出義務	六月以下の懲役若しくは五十万円以下の罰金、又は併科。法人については、五十万円以下の罰金。 又は二十万円以下の過料。
第二十七条	第一種特定化学物質に関する届出の効果の承継	二十万円以下の過料。
第二十八条	第一種特定化学物質の許可を受けた者の適合基準義務	なし
第二十九条	第一種特定化学物質の容器、包装、送り状への表示すべき事項と表示の義務	なし

第三十条	第一種特定化学物質等取扱事業者が適合義務を遵守していない場合の三大臣による是正命令等	六月以下の懲役、又は五十万円以下の罰金、又はこれを併科。法人については、五十万円以下の罰金。 許可の取消事由にもなる。
第三十一条	第一種特定化学物質許可製造業者及び届出使用者が、帳簿を備え、省令で定める必要な事項を記載する義務	三十万円以下の罰金。法人については、三十万円以下の罰金。
第三十二条	第一種特定化学物質許可製造業者及び届出使用者の廃止届出	二十万円以下の過料。
第三十三条	第一種特定化学物質許可製造業者の許可の取消し	取消後に行為を継続した場合は無許可者と同じ罰則。
第三十四条	第一種特定化学物質の指定等に伴う措置命令	六月以下の懲役若しくは五十万円以下の罰金に処し、又はこれを併科。 又は、三年以下の懲役又は百万円以下の罰金、又はこれを併科。また、法人については、一億円以下の罰金。
第三十五条	第二種特定化学物質製造予定数量等の届出義務	一年以下の懲役若しくは五十万円以下の罰金又はこれを併科。法人については五千万円以下の罰金。 又は二十万円以下の過料。
第三十六条	大臣による第二種特定化学物質の取り扱いに関する技術上の指針の公表・取扱業者への勧告	なし
第三十七条	第二種特定化学物質の容器、包装、送り状への表示規定	なし

第三十八条	第一種特定化学物質、第二種特定化学物質に該当する疑いがある化学物質に関する勧告	なし
第三十九条	優先評価化学物質、監視化学物質又は第二種特定化学物質に関する取扱業者に対する指導・助言	なし
第四十条	化審法の規定に基づく許可に係る条件	なし
第四十一条	優先評価化学物質、監視化学物質、第二種特定化学物質又は一般化学物質の事業者が自主的に取得した有害性情報の報告義務	二十万円以下の過料。
第四十二条	大臣による取扱業者に対する優先評価化学物質、監視化学物質又は第二種特定化学物質等に関する取扱いの状況に関する報告徴収	なし
第四十三条	主務大臣による業務報告徴収	三十万円以下の罰金。法人については、三十万円以下の罰金。
第四十四条	化審法の施行に必要な限度においての立入検査等	三十万円以下の罰金。法人については、三十万円以下の罰金。
第四十五条	立入検査等に関する大臣から機構への命令	なし
第四十六条	機構の収去についての審査請求	なし
第四十七条	化学物質を規制する法律を所管する関係大臣への通知	なし

第四十八条	環境大臣による要請	なし
第四十九条	許可の際の手数料	なし
第五十条	許可の取り消し等不利益処分の際の聴聞等の手続	なし
第五十一条	異議申立ての手続における意見の聴取	なし
第五十二条	経過措置（第一種特定化学物質等の指定、第一種特定化学物質が使用されている製品の輸入制限、許可基準の制定改廃など）の政令等への委任	なし
第五十三条	主務大臣、主務省令の整理	なし
第五十四条	環境大臣の権限の委任	なし
第五十五条	他の法令との関係	なし
第五十六条	化学物質の性状等に関して高度な専門的知見を必要とする場合の大臣による審議会等の意見聴取	なし

罰金はもちろん問題だけれど、会社名を公表されて社会的信用を失うことがもっとも厳しい罰なのかもね。
コンプライアンス重視の時代、法令を軽視する会社、って思われてビジネスチャンスを失いそうです。

第九章

研究者が化審法について注意すべきこと

これまで紹介した通り、化審法において試験研究用途は数量の制限なく事前の申請も不要で新規化学物質を合成したり、他者に提供したりできます。しかし、試験研究用途であれば何をしてもよいというわけではなく、研究者も法令遵守についてより一層の理解が求められる時代になっています。ここでは、研究者が必要な化審法知識についてまとめます。

KEYWORD

54 研究者の化審法心得

POINT **多くの場合、現場経験のない研究者にとって化審法はなじみの薄い法律です。すなわち、研究所は違反や不適切事案の発生しやすい現場ですので、研究者向けに化審法を説明します。**

1 企業研究と化審法

研究者の中には、化学物質の法規制についてほとんど意識せず研究をされている方も多いのではないかと思います。近年は毒物や各種薬品の安全管理に関しては当局より随時通達が出され、各国でのテロの頻発を考慮して、必要な対応はとられていますが、新規化学物質に関する法規制についてはまだまだ理解が十分ではないように思われます。

国内の研究所等で産業上有用な化学物質を探索する段階においては、ラベルや職場表示などの**GHS**対応、あるいは購入試薬について**SDS**をいつでも参照できるように整えるなど、安衛法を遵守する必要があります。ところが、研究が進み試作・製造や海外顧客によるサンプル評価の段階になると、新規化学物質法令対応が必要となります。たとえば、下の3つの中に違法行為が1つ含まれていますが、どれかわかりますか？

ケース1：工場でのプラントの製造試験で化審法無届で10トン製造した。

ケース2：アメリカの大学と医薬品候補化学物質の共同研究のために法対応を一切何もせず1kgを送った。

ケース3：中国内の顧客での性能評価研究のために法対応を一切何もせず1kgを送った。

不適切な行為は「3」ですが、研究者も普段から化学物質の規制に関心を持ち、社外セミナーなどに積極的に参加しておかないと、思わぬトラブルが発生します。また、試験研究用途については下記のような事例も起こりうるものです。

・実製造となった段階で当局への届出が必要であることがわかり、安全性試験の実施などに時間を要して数か月の遅延が発生した。
・新規化学物質の届出に必要な安全性試験を実施したところ、予想外の毒性が出て化審法申請が進まなくなったり数千万円の予定外の届出費用を要することになったりした。
・当該国では研究段階でも化学物質の事前届出が必要であることを知らずに無届で送ってしまい、現地法人が違法行為を行ったことになり、多大な迷惑をかけた。

2 試験研究用途各国対応まとめ

新規化学物質の法対応は国ごとに異なりますし、研究用途と開発用途で異なる法対応が求められる国も多いので、事前に調査を行い、研究計画にそれらの対応も盛り込むことが望まれます。

	研究用途	開発用途
韓国	試験研究開発用途の事前の届出が必要です。当局から確認を受けた後に輸入が可能になります。	試験研究開発用途の事前の届出が必要です。当局から確認を受けた後に輸入が可能になります。
中国	科学研究備案届出を出さなければなりません。当局に提出すれば直ちに輸入可能です。	簡易申告特殊情況開発用途で登記が必要です。登記証を受領した後に輸入可能となります。
台湾	年間１トン未満は無届で可能です。	事前の少量登録が必要です。
米国	届出は免除されます。	届出は免除されます。
日本	届出は免除されます。	届出は免除されます。

KEYWORD

55 共同研究先対応

POINT **化審法は同一物質であってもそれが研究用途に使用されるのと商用に使用されるのとでは大違いです。他社に化学物質を譲渡する際には適切に試験研究用途として消費されることの確認が必要です。**

1 試験研究用途は化審法対象外

化審法では、試験研究用途の特例が規定されています。試験研究のために新規化学物質を製造したり輸入したりする場合は、試験機関が官公立、民間のいずれであっても、また学校、研究所、試験所、検査機関、テストプラントなどにおいて試験研究用途に全量を供する場合には、新規化学物質の届けは不要です。使用者は自社である必要もなく、評価の外部委託などで他社に提供することも可能です。しかし、その新規化学物質が一部であっても商業的に一般に市販されたり、他の化学物質又は製品の製造に使用されたりする場合は、新規化学物質の届出が必要となります。

以上のような特例を受ける、化審法上の試験研究用途とは次のような条件を満たす物質を指します。

- 試験研究機関で試験研究の目的で製造輸入される
- 数量制限はなし（プラントによる試験製造も可能）
- 移動も可能（有償も可）
- 商業的な提供は不可
- 試験研究用途として譲渡・販売した先が試験研究用途以外に使用した場合は、化学物質製造者が製造者責任を問われるので契約対応が必要（後述）

化審法試験研究用途に量的な制限はありませんので、**テストプラントでの実用化検討製造も含まれます**。ですが、一部でも商業用に供することはできませんので、テストプラントでの製造がうまくいったから保管しておいて、正式届出後に商用に転用しよう、というのは化審法違反となります。試験研究用途として製造した量については、目的を達した後は適切な方法で廃棄してください。この時、**廃棄の記録**を残してください。

2 譲渡先で商用に使用されると自社の違反となる

サンプル提供や外部受託期間への試験委託など社外への提供は、無償・有償に係らず可能です。ただし、新規化学物質を渡した先で一部でも商用に使用すれば**製造者が化審法違反**となります。そのため、「試験研究用途にのみ使用します、余剰分は廃棄（返却）します」という内容の念書を交わす（下記例文）、あるいは同様の内容を試験委託契約書、SDSなどに盛り込んでください。

化学物質の審査及び製造等の規制に関する法律に係る
新規化学物質用途確認書

年　　月　　日

○○株式会社（製造者）　御中

○○株式会社（使用者）　印
住　所

貴社から購入する○○（＝○○，CAS *****-**-*）は、当社内及び当社以外においての使用用途について試験研究用途に限定し、商業用途に転用いたしません。試験研究用途目的で使用した残分に関しては適切に廃棄し再利用等は実施いたしません。

試験研究用途と化審法

Q 研究用で1回3kg製造のものを350回/年製造の場合、1トンを超えますが、該当しないのでしょうか？

A 試験研究用であれば（新規物質でも）1トンを超えても該当しません。ただし、安衛法では試験研究用でも、それが新規化学物質で、年100kg以上生産すれば（ラボスケールとはみなされず）、新規化学物質製造（輸入）届出が必要。また毒劇物取締り法等他の法律の対象となる化学物質は当然のことですが、また別の規制があります。

Q 化審法少量新規で1トンの確認を受けている物質で、研究用で900kg製造/年、商用出荷製造（研究以外）で150kg/年製造で合計1トン超えてしまいました。

A 一般用途のみが対象となります。この場合1トン未満ですので対象となりません。合算する必要はありません。

第十章

労働安全衛生法との関係

企業の化審法担当者は、化審法とセットで「労働安全衛生法（通称：安衛法）」に係ることが多いのではないでしょうか。安衛法は労働者を守るための非常に広範な法律ですが、その中に化審法と類似した新規化学物質に関する規制が含まれています。この章では、安衛法の中からその部分だけを抜き出して解説を行います。

KEYWORD

56 化審法と安衛法

POINT **化学物質を取り扱う際には、労働安全衛生法についても新規か既存かの判定や、新規化学物質であれば届出が必要です。しかし、制度は化審法とは異なるので、その違いの理解が必要です。**

1 労働安全衛生法による化学物質規制

労働安全衛生法（安衛法）は職場の安全衛生についてかつての労働基準法に規定されていた内容を拡充・発展させて昭和47年に制定されました。安衛法は非常に広範な法律で、その主目的は労働者の安全と健康を確保するために必要な事業主の責務と管理体制とを明確にすることで、その中に化学物質管理も盛り込まれています。**安衛法では、化審法とは別に新規化学物質や公示化学物質が定められており**、同様の申請制度も整備されています。従って、日本国内で化学物質を製造・輸入する場合には、化審法と安衛法の２つの法律をセットで対応する必要があります。制度の概略は類似していますが、細かい点では多くの相違があり、新たにビジネスに着手する化学物質については、両法についての慎重な検討が必要です。

2 新規化学物質と既存化学物質

安衛法においても化審法同様に既存化学物質については届出の必要はありません。安衛法既存化学物質とは次の１～４に該当する化学物質をいいます。

１．政令で定める既存化学物質

２．厚生労働大臣が名称を公表した新規化学物質

３．既存化学物質扱いとなる特定の化学物質

４．既存化学物質扱いとなる特定の高分子化合物

これ以外の物質はすべて新規化学物質扱いとなり、製造または輸入に前に物質の種類や年間数量に応じた何らかの届出が必要となります。ただし、試験研究用途に該当する場合は安衛法の届出は不要となります。

安衛法の新規・既存の判定は要件や例外事項が多く、化審法化審法官報整理番号を安衛法既存の判定基準にしている化学物質などもあり、非常に難しいので、厚生労働省ホームページの内の「職場のあんぜんサイト」http://anzeninfo.mhlw.go.jp/anzen_pg/KAG_FND.aspxで検索するのが最も確実です。

たとえば、メタノール（CAS No.67-56-1）を職場のあんぜんサイト「安衛法名称好評化学物質等」で検索すると【図37】のような結果が得られ、メタノールは安衛法既存化学物質であることがわかります。一方、ベンゾフラン（CAS No.271-89-6）を検索すると「検索結果は0件ありました。」と表示され、該当物質が安衛法名称公表化学物質等のリストに存在せず、届出が必要であると判断できます。

図37　メタノールを職場のあんぜんサイトで検索した結果

化学物質名	メタノール
構造別分類コード番号	―
化学式、構造式 （マウス左クリックで拡大します。）	（構造式）
安衛法官報通し番号	―
安衛法官報公示整理番号	―
安衛法官報公示時期	―
化審法官報公示整理番号	(2)-201
CAS番号	67-56-1
出典	「化学物質総覧」（中央労働災害防止協会発行）

3 化審法と安衛法の事業所単位

化審法の届出主体は法人ですので、自社が複数の事業所（A県のB工場、C県のD工場、など）で同一の新規化学物質を製造、輸入する場合には、その新規化学物質の量を本社部門や主力工場などの担当部署が合算して申出・届出を行います。一方で**安衛法では届出の主体は事業所**です。たとえば、同一の新規化学物質をB工場とD工場の２つの事業所で製造・輸入する場合には、原則として、それぞれの事業所が「少量新規化学物質の確認申請」、若しくは「新規化学物質の製造・輸入届」を行う必要があります。これは、労働安全衛生法は、個々の労働者の安全を考えるために、管理監督を法人単位ではなく、事業所単位としているためです。

4 化審法と安衛法の届出等の期間について

化審法における少量新規化学物質と安衛法の少量新規化学物質は、ともに毎年実施する必要があります。また、化審法及び安衛法ともに、少量を超える新規化学物質の製造・輸入届を実施した場合は、1度それを実施すれば、その後は再度の届出をする必要はありません。

化審法「少量新規化学物質の製造・輸入申出」の申出期間は、電子申請の場合は年に13回、書面・光ディスク申請の場合は年に4回と定まっています（化審法2019年改正部分）。

化審法はいずれの受付期間に少量新規申出を行ったとしても、その有効期限は翌年の3月末日までです。新たな年度において製造、輸入を継続したい場合には、再度申出をして、確認を待ってから製造計画を確定する必要があります。

一方、安衛法では、「少量新規化学物質の確認申請」及び「新規化学物質の製造・輸入届」ともに、受付期間は限定されておらず、随時受け付けが行われます。また、**化審法少量新規が年度単位の管理であるのに対し、安衛法少量新規の確認期間は1年間**です。その結果、化審法と安衛法を同時に申出・申請しても有効期間に違いが生じてしまい、しばしば業務に混乱をきたします。この混乱を解決するために平成24年11月12日に出された「労働安全衛生法に基づく新規化学物質の届出等の手続の簡素化について」に従い、平成25年以降、申請者は、確認期間を従来通りの1年間とするか、若しくは化審法のように年度単位とするかを選択できることとなりました。

確認申請書類には、「確認を受けようとする期間：○○年○○月○○日から○○年○○月○○日まで」という欄がありますが、従来であれば、たとえば平成24年10月10日が申請日であれば、自動的に「平成24年10月10日から平成25年10月9日まで」となっていました。平成25年からは、化審法と整合させ、「平成24年11月11日から平成25年3月31日まで」として、年度単位で管理することができるようになりました**【図**

38】。なお化審法の少量新規は年間1トン以下ですが、安衛法の少量新規は100kg以下という違いもあります。

図38　化審法少量新規（書面申出）と安衛法少量新規の有効期間の関係

KEYWORD

57 化審法と安衛法の必要試験

POINT **化審法の数量区分は1トン以下と10トン以下、安衛法は100kg以下のみです。同じ数量であってもそれぞれの法によって試験内容は異なります。**

1 審査・確認に必要な安全性試験

化審法少量新規では、物化性状・有害性試験は不要で、申出の時点で把握している範囲の情報を申出書に記載します。化審法低生産量新規においては、**分解度試験及び濃縮度試験（通称：分蓄）**が必要となります。10トンを超える届出になると、加えて**復帰突然変異試験、染色体異常試験及び反復投与毒性試験（これら3つを「スクリーニング毒性試験」と呼ぶ）**と、魚類急性毒性試験、ミジンコ急性遊泳阻害試験及び藻類生長阻害試験（これら3つを「生態毒性試験」と呼ぶ）が必要となり、届出に要する費用も高額で試験期間も長くなります。

労働安全衛生法も「少量新規化学物質の確認申請」に必要とされる安全性試験はなく、わかっている範囲での物理化学的性状のみが要求されます。製造量若しくは輸入量が年間100kgを超える「新規化学物質の製造・輸入届」の場合、復帰突然変異試験が要求されます。安衛法で要求される安全性試験は、この復帰突然変異試験のみです【図39】。

2 復帰突然変異試験

米国カルフォルニア大学のエームス教授らによって開発され、化学物質の持つ発がん性を調べるための毒性試験です。遺伝子を突然変異させたバクテリア（ネズミチフス菌、大腸菌）に化学物質を添加すると、DNAにダメージを与える（発がん性）物質はDNAのさらなる突然変異を誘発し、DNAをもとに戻す（復帰）させることがあります。そのような化学物質の場合は、寒天培地上にバクテリアコロニー数の増加を引き起こしますので、化学物質の発がん性を評価できます。

図39　安全性試験一覧

	化審法	製造量・輸入量	安衛法	
スクリーニング毒性試験 ・復帰突然変異試験 ・染色体異常試験 ・反復投与毒性試験 生態毒性試験 ・魚類急性毒性試験 ・ミジンコ急性遊泳阻害試験 ・藻類生長阻害試験	新規化学物質の製造・輸入申出		新規化学物質の製造・輸入届	復帰突然変異試験
10トン/年				
分解度試験 濃縮度試験	低生産量新規化学物質の製造・輸入申出			
1トン/年				
安全性試験不要	少量新規化学物質の製造・輸入申出			
			100kg/年	
			少量新規化学物質の確認申請	安全性試験不要

化審法と安衛法の目的の違いを覚えてる？

はい、化審法は環境経由での人や生態系への影響を抑えること、安衛法は、化学物質を扱う労働者の安全を守ること、です。

KEYWORD 58 審査・確認後の告示について

POINT **通常新規化学物質届出を行うと、判定から１年後に名称が告示されます。告示された物質は、届出を行った会社以外の誰でも製造が可能になります。**

1 告示制度

化審法では、「新規化学物質の製造・輸入届出」を行った場合、その判定から**５年後に官報で新規化学物質の名称が告示**され、「新規告示物質」となります。既存化学物質名簿に付け加えられることはありませんが、実質的に既存化学物質と同様の扱いとなり、**申請者とは異なる事業者がこの新規告示物質を自由に製造若しくは輸入することができるようになります**。少量新規申出、低生産量新規申出を実施した新規化学物質は名称が官報で告示されることはありません。いつまでも新規化学物質であり続けることになります。

安衛法でも、少量新規確認申請が実施された新規化学物質は、化審法と同様に告示はなされませんが、**通常新規届が行われた新規化学物質は判定のわずか１年後に告示**がなされます。化審法と同様に、安衛法においても、告示された新規化学物質は「新規告示物質」と呼ばれ、既存化学物質とほぼ同様の取扱いとなり、申請者とは異なる事業者が製造、輸入をする場合であっても、当局の事前審査を受ける必要はなくなります。

注意点として、化審法では年間10トンを超えて製造・輸入される新規化学物質が「新規化学物質の製造・輸入届出」の対象ですが、安衛法では年間100kgを超える新規化学物質となります。もし、自社が新規化学物質を年間200kg製造したとすると、安衛法では通常新規届を実施し、化審法では少量新規申出を行うことになります。そうすると、安衛法上は確認申請の日から１年後に告示され新規告示物質となりますが、化審法では永久に告示されません。つまり、化審法と安衛法の新規化学物質の範囲は同一ではないことになります。結果として、化審法では新規、安衛法では既存（的な扱い）が起きることになります。このため、物質担当者は新たな化学物質を扱う場合には、それぞれの法律で新規化学物質であるのか、それとも既存化学物質であるのかを十分に調査し、不要な化審法・安衛法手続きを時間や費用をかけて行わないように注意する必要があります。

2 海外同種法令で資料保護実施時は要注意

安衛法・化審法にはない制度ですが、海外の類似制度には「資料保護」という制度が用意されていることがあります。これは、物質情報を公開せず、秘密にする制度ですが、他で情報がすでに公開されている物質は資料保護の対象とならず、情報が公開されてしまいます。

安衛法通常新規はわずか1年で告示されるため、それが原因で海外で資料保護ができなくなることがあります。そのため、海外展開を計画している場合は、安衛法の告示前に海外登録を終えるようなスケジュール戦略が必要です。

KEYWORD

59 化審法／安衛法・中間体／試験研究用途／高分子

POINT　中間体の取り扱いは、化審法と安衛法の化学物質規制において最も大きく異なる点です。環境中に放出されない中間物であっても、労働者は暴露される可能性があるため、安衛法では対応が必要です。

1　安衛法における中間体の取り扱いについて

全量が他の化学物質に変化する新規化学物質は、同一事業者が製造して消費する場合には、化審法では新規化学物質とはみなされないので事前審査の対応を取る必要はなく自由に製造できます。

一方で、安衛法の場合、「製品の製造工程中において生成し、同一事業場内で他の化学物質に変化する化学物質」と定義される「製造中間体」は、原則として事前審査の対象となります。連続したプロセスで反応させ、外部に取り出すことのない製造中間体であっても、**清掃時や改修等、非定常作業中に労働者がこの化学物質に曝される可能性がある場合**には、事前審査の対象です。他にも副生成物や廃棄物も安衛法では原則として事前審査の対象となっています。

法律の文言をそのまま解釈すれば、原料から生成し、速やかに次の化学物質になって消失する中間体は安衛法の対象外となりますが、トラブルでプロセスが中断した場合や異常反応が起きた場合、製造を中断して窯の清掃を行う場合なども考慮すると、労働者が絶対にその化学物質に暴露されないことを証明することは不可能です。化学物質の製造には何よりも労働者の安全を第一に考えなければなりませんので、そのような中間体も、最低限でもエームス試験は実施して、スケールの大きなプラントであれば経口急性毒性（法では要求されていません、あくまでも労働者の安全確保のためです）なども併せて行い、安衛法の申請をしなければなりません。

2 試験研究用途について

化審法、安衛法ともに、試験研究用途に用いている新規化学物質は事前審査を受ける必要はありません。ただ、その解釈は化審法と安衛法で異なります。

化審法では、その新規化学物質を製造、輸入する事業者が、自らがその新規化学物質を試験研究用に用いる場合に限らず、その新規化学物質を他の事業者が用いることも認めています。つまり、試験研究用途の新規化学物質を他の事業者に販売することが可能です。また、テストプラント等で試験、研究を行うことも想定されるため、試験研究用途に用いる新規化学物質の量に制限はありません。

一方、**安衛法の試験研究用途は量に関する規定があり、その使用が「実験室規模」であることが要件**となっています。つまり、化審法で認められている大量合成施設や試験製造は、安衛法では試験研究とは認められていません。実験室規模が具体的に何kgなのかは規定されていませんが、安衛法少量新規と通常新規の境界である100kg、あるいは安全を見越して1～10kgを考えればよいかと思われます。あるいは、合成のラボから評価のラボに移管される際には安衛法を実施する、という社内ルールにしてもよいかもしれません。

また、原則として新規化学物質に曝されるおそれのある作業従事者が、当該試験研究の担当者に限られることに加えて、新規化学物質を商業的に販売する場合には、試験研究用途とみなすことはできないとされています。そのため、化審法では試験研究用途として申出や届出が不要であっても安衛法では「少量新規化学物質の確認申請」や「新規化学物質の製造・輸入届」が必要になる場合がしばしば発生する可能性が考えられます。前述の中間物同様、安衛法が労働者を守る法律であるという趣旨を考えると、試験研究用途であっても、有害性がまったく分からない新規化学物質をある程度の量を合成し、それが合成担当者のみならず、複数の関係者の手で試験研究されるのであればエームス試験程度は実施するのが当然のことのように思います。

3 安衛法における新規ポリマーの取り扱い

安衛法においては、新規に製造又は輸入される化学物質のうち、既存化学物質から構成される一定の高分子化合物について届出不要とされています。つまり、**化審法において新規化学物質の届出（少量新規や高分子フロースキーム等）が必要であるポリマーでも、安衛法はまったく何もしなくてよいケースも発生**します。具体的には安衛法既存の化学物質である単量体（モノマー）等から構成される高分子化合物であって、数平均分子量が2,000以上のものは、次のいずれかに該当するものを除き、既存の化学物質として取り扱うこととされています。除外対象は以下です。

①正電荷を有する高分子化合物
②総重量中の炭素の重量の比率が32%未満の高分子化合物
③硫黄、ケイ素、酸素、水素、炭素又は窒素以外の元素が共有結合している高分子化合物
④アルミニウム、カリウム、カルシウム、ナトリウム又はマグネシウム以外の金属イオン（錯体金属イオンを含む）がイオン結合している高分子化合物
⑤生物体から抽出し、分離した高分子化合物及び当該高分子化合物から化学反応により生成される高分子化合物並びにこれらの高分子化合物と類似した化学構造を有する高分子化合物
⑥ハロゲン基又はシアノ基を有する化合物から生成される高分子化合物
⑦反応性官能基を有する高分子化合物であって、当該高分子化合物の数平均分子量を当該数平均分子量に対応する分子構造における反応性官能基の数で除した値が10,000以下のもの
⑧常温、常圧で分解又は解重合するおそれのある高分子化合物

ここで、⑦の反応性官能基とは次のものです。

・イソシアン酸基、分岐アクリル酸基、分岐メタクリル酸基、エポキシ基、酸無水物、酸ハロゲン化物、アルデヒド、アミン、フェノール類、チオフェノール類、含硫黄酸基若しくはその誘導体、アジリジン類、保護されたイソシアン酸基、イミン、イソチオシアン酸基、ビニルスルフォン、ハロシラン基、アルコキシシラン基、3若しくは4員環ラクトン等の構造を有する高分子化合物

4 ブロック重合物とグラフト重合物について

安衛法でも化審法と同様の運用がなされていて、ブロック重合物及びグラフト重合物であって、その構成単位となる重合物がすべて既存の化学物質である場合には、その高分子化合物を既存化学物質とみなしています【図40】。また、「既存の化学物質」には安衛法新規化学物質の製造・輸入届を行ったものの官報への名称公表がまだなされていない物質も新規化学物質の製造・輸入届を行った事業者に限り含むことができます。

図40 ブロック重合物とグラフト重合物

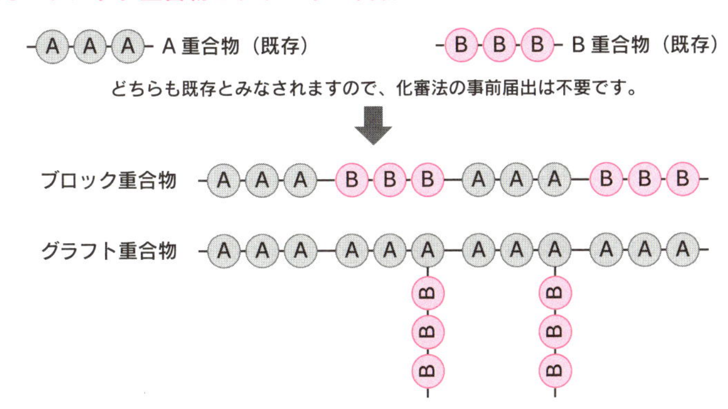

おわりに

化審法における基本は、製造者・輸入者が適切な届出を行うことによって、化学物質を管理・規制し、人への健康被害や環境への影響を防ぐことです。

化審法違反をさけるために、社内の体制を整え粛々と安全性を確認し申出・届出を行うことが重要であることは、既に紹介した通りです。また、委託製造を行う場合には委託先がきちんと法規制対応を取っているかどうかをチェックするのも委託者の重要な役目です。

関連して最近重視され始めているのが、サプライチェーンにおける含有物質管理・情報伝達の重要性です。新規の化学品を生み出すのは多くの場合、規模の大小に係らず川上メーカーとなります。川上メーカーは、化学物質の適正管理や労働者の安全確保の観点から、化学物質情報を適切に川下メーカーに伝えなければなりません。一方で、川下メーカーもグリーン調達関連などの対応でサプライヤーが情報を求めてきますので、これに適切に対応する必要があります。さらには、諸外国で新たな法規制が次々に始まっているため、これらの業務負担は加速度的に増えていく状況にある一方で、各国の化学物質規制に熟知した担当者は業界全体として不足気味です。

その結果、川下メーカーが中小企業だった場合、法規制に対応するノウハウが不足して、何をしたらよいのか理解していなかったり、製品への仕上げに関係する法令対応の経験が不足していたりすることも多くあります。サプライチェーンにこのような中小企業が含まれているときは、場合によっては、川上である新規化学物質の製造者がユーザー全体をコーディネートすることも必要になるかもしれません。サプライチェーンは国内にとどまりません。国内外のサプライヤーの化学物質管理の良し悪しが今の時代は競争力上の重要なファクターになりうることを理解し、法対応はビジネスである、法対応は金のなる木である、そのような共通認識を持って法令遵守に取り組んでいただきたいと考えています。

化審法については、今まで紹介
したことはミニマムな知識よ。
法令対応にはいろいろなノウハ
ウがあるけれど、それは経験を
積んで身につけるしかないわね。
わかりました。法令をこれ
からもしっかり読み込んで、
会社のコンプライアンス重
視を推進します！

索　引

（著者略歴）

中西貴之（なかにし・たかゆき）

1965年山口県下関市彦島生まれ。山口大学大学院応用微生物学修了。総合化学メーカー宇部興産株式会社で1991年より新規医薬品の研究に従事、2011年より環境安全部門、製品安全部門を経て現職は品質統括部門。趣味はプラモデルとアニメ鑑賞、人工衛星鑑賞。主な著書に『製品含有化学物質のリスク管理』（技術情報協会）、『実は面白い化学反応』、『身体をめぐるリンパの不思議』（以上技術評論社）、『幹細胞の分化誘導と応用』（NTS）他。化学物質規制に関する担当者向けセミナー講師実績多数。

（イラストレーター略歴）

ふーぷ

広島で活動中のフリーのイラストレーター。カード・書籍・ゲームやその他販促用イラストなどの仕事を中心に、イベント参加などをしている。制作物の傾向は女の子、動物、武器デザインなどが多い。最近の実績に、『venus brade』（エディア）カードイラスト制作、『ノブリス・オブリージュ～引きこもり令嬢が何故聖女と呼ばれたか』（UDリバース）表紙イラスト・挿絵制作など多数。

編集協力　高宮宏之、吉田雄介（以上、キャデック）
装丁　平田　顕（キャデック）
本文デザイン　井上登志子（キャデック）
DTP　佐藤多恵（キャデック）

ココが知りたかった！　改正化審法対応の基礎

2019年10月9日　初版　第1刷発行

著　者　中西貴之
発行者　片岡　巌
発行所　株式会社技術評論社
東京都新宿区市谷左内町21-13
電　話　03-3513-6150　販売促進部
03-3267-2270　書籍編集部
印刷／製本　日経印刷株式会社

ISBN978-4-297-10845-8　C3043
Printed in Japan